動物本位の獣医師!

私は、犬の味方でありたい

いそべ動物病院院長
磯部芳郎

現代書林

津村節子氏と著者。中央奥は故吉村昭氏の遺影

まえがきに代えて……吾輩は犬である

何やらよく聞いた言葉だな。一一二年前に出た『吾輩は猫である』に似ているから仕方がない。

しかし、猫と犬では全然、異なる動物である。猫は飼主を飼い、犬は飼主に飼われている。『吾輩は猫である』の威を借りているわけではない。

猫より犬の方がずっと飼主との心の交流がある。しかして、犬の方が人間のことが分かる。吾輩が犬の目線、四つ足の目線で人間を視る。どんな話になるか、足の向くまま〝犬も歩けば棒にあたる〟、いいことがあるかもしれない。犬が西向きゃ尾は東、犬は三日飼えば三年恩を忘れぬ（猫は三年飼って三日で忘れる）、犬も朋輩、鷹も朋輩、犬一代に狸一匹。

今年は戌（いぬ）年である。

犬の遠吠えでない吾輩の心の叫びである。

吾輩は犬である。

犬はまた人間とは違う知能がある。

犬も育ちで決まる。犬は氏（血統書）より育ちが運命を決める。母犬がどんな風に育ててくれたか、優しい母犬であったか、怒りっぽい母犬であったか、落ち着きのある母犬であったか、落ち着きのない母犬であったか。

犬が犬らしく、犬の良さを持った犬に育つには、母犬の愛情を十分に受ける必要がある。

二ヵ月間くらいは同胎犬と遊んだり母犬に叱られたり、この時の刺激は心理的に残る大切な期間である。

そして飼主の仔犬に対する対応で犬の性質は決まる。仔犬の性質、性格を見極める能力が、良い所を伸ばし、悪い所を矯正する。すると、飼主と良い関係が生まれ、社会性のある犬に育つ。

犬は人間が思っているより利口である。

馬鹿な飼主に飼われた利口な犬は困るのである。

犬に伝える命令は目的と音声がはっきりしないと犬は困る。餌を与える時に「マテ」、手を出してもらう時に「オテ」と言う。

「マ」と「オ」をはっきり発音しないと犬は困るのである。発音が悪くて「ウテ」と聞こえたらどうしようもない。

吾輩は悪いことをしたらそのことを理解している。悪いことをしていないのに飼主の気分で叱られれば吾輩は飼主の気持ちが分からなくなる。

吾輩が人間を信用できなくなれば人間に対して悪い態度になる。

どんな飼主に巡り合うか、お見合いをするわけでないので吾輩の責任ではない。どんな犬になるかは飼主の責任である。

困った飼主の話をしよう。人間の友達も同じかもしれない。

自分勝手で相手の都合など全然考えない人。自分の愛犬だけが可愛くて他の犬は黴菌と思っている人。本当は動物好きでないんだなあ。そんな人に飼われると犬も可哀相になる。犬友達がいないからね。それに飼主も親しい友達がいないね。

次はお天気屋さん。飼主の気持ちが分からないからね。急に叱られたり、叩かれたり、八つ当たりされたり。夫婦喧嘩は犬も食わぬという。食べたら大変なことになるからである。

また、落ち着きがない母犬と飼主に付き合うのは大変だ。

乳を飲んでいたら急に母犬が歩き出し、乳房にぶら下がった。寝ていたら母犬に踏まれた。驚いたり、痛かったり、お母さんの側(そば)は安心できない。本来ならお母さんの側が一番安心なのに落ち着けない。

落ち着きのない飼主も同じで、ゆったり遊んだり昼寝したりもできない。急に何をやりだすか分からないから。

何匹も駄目な犬を育てる人がいると思えば、どれもお利口さんの犬を動物病院に連れて来る飼主がいる。

犬はゆったり落ち着いていて、動物病院の待合い室でも、いたずら小僧より静かに座って待っている。

駄目な犬を連れてくる人は駄目な飼主の証明である。犬を飼ってはいけない人かもしれない。犬が社会の嫌われものになる原因を作る人だからである。

ただ可愛いからと気まぐれで飼い始めるのは、資格不足である。

犬と飼主が幸せになるためには、「あなたを一生幸せにします」という約束が必要である。

犬も飼われ方でどんな犬にでもなるという話である。

吾輩の言葉。

「犬は飼主の資質によって良い犬にも悪い犬にもなる」

動物本位の獣医師！　私は、犬の味方でありたい◉目次

まえがきに代えて……吾輩は犬である……3

親密なる人犬関係（にんけん）……11

犬はどんな動物なのか……12
犬の役割①……人の医療に役立つ……21
犬の役割②……人の心身の健康に役立つ……25
人と動物の長い関わり……28

「動物医者」の私の視点……37

動物病院の役割とは……38
動物病院の台所事情……44
私は飼主も診察する……54
苦労の種を育てるような飼主……63
犬の一生に得ること、出る金……65
大疑問!? 動物医療の高額治療費……71
疑惑の診療料金明細書……76
ノーベル賞をもらった話……80

犬の病気あれこれ……83
がんの告知と治療――犬と人では？……84
初めてのフィラリア虫の手術……90
帝王切開の「帝王」とは？……93
思い出に残る学会発表……99
盲導犬・マレーネの手術……108
胃捻転という不思議な病気……113
病気というより事件!?……119
終末医療――超高齢社会のありよう……123
忘れられない犬の、ちょっといい話……131
心に残る忘れられない犬たち……132
四本足でも〝千鳥足〟……150
犬の常連客……153
犬との心中事件……156

食と旅の楽しみ……161
食べることと料理すること……162
食べ物の怖い話……171
金を食べる……178
旅は「食」連れ……181
昆虫食のすすめ……185
動物医者の独り言……191
一〇歳だった「三鷹事件」の頃……192
人に親切にする……198
死刑制度に思う──執行する人の視点から……203
犬は我が友──ある老獣医師の履歴書……207
あとがきに代えて……犬の時間……234

《親密なる人犬（にんけん）関係》

◉……犬はどんな動物なのか

「吾輩は犬である」と宣言したからには、犬はどんな動物であるか、自己紹介せねばならぬ。今、人と犬は食べたり食べられたりする関係ではない。コンパニオン・アニマルと呼ばれ、家畜の中で一番親密な関係になっている。

犬は約三万二〇〇〇年前から家畜化が始まったとミーチェ・ジェルモンプレ等が発表し、また、国際チームも二〇〇九年に犬とオオカミの進化を新しい方法で研究し、三万一六八〇年±(プラスマイナス)一二五〇年に犬になったと発表した。新石器革命の二万年前になる。

他の家畜、ヤギ、ヒツジ、ウシ、ブタなどは一万二〇〇〇年〜一万年前に家畜化された。人が定住してからの付き合いで、農耕と結びついている。また、食べる対象であった。小麦が栽培されたのも一万二〇〇〇年前である。

犬の家畜化は新石器時代の二万年前になり、他の動物の家畜化の理由とは異なる。犬を食べる目的では飼育していない。後に、犬を食べる時代はあった。

家畜化されたばかりの原始犬に対しては、人間に役立つことがたくさんあると思う人と犬に友好的でなく扱いの下手な人がいただろう。そして、犬が多くの良いことを与えてくれると思う人が性格の良い犬を繁殖させたのであろう。

レイモンド・コッピンジャーはオオカミの自己家畜化説を説いている。オオカミは自分から家畜化されて犬になったというのである。

また、子供は動物でも皆可愛い、ペットとして飼いたいと思う習慣が家畜化の起源であると論じている学者もいる。

犬の家畜化は、人間の居住区に入ってきた「犬になるオオカミ」に食べものを与えたことから始まった。狩猟するオオカミと人間は競合する関係であった。オオカミは群れのリーダーに従い、その社会性は人間の社会に似ている。

「犬になるオオカミ」が三万年前には人の周りにいたようで、アラスカで化石が発見されている。

人の周りでうろついているオオカミの仔を飼い始めても不思議はない。社会性の似ているオオカミの仔が飼主の人に従うのも自然であった。懐(なつ)こいオオカミが累代繁殖して犬になったのであろう。

ロシアのギンギツネの観察実験では一〇世代で一八%が人を怖れなくなり、三五世代で家畜化されたと発表された。

野生動物が家畜化されると小型化し、ネオテニー（幼形成熟）と呼ばれる状態になる。

野生動物は厳しい自然環境の中で生き延びるためには高度な知覚が必要である。犬は視覚よりも嗅覚と聴覚を発達させていた。家畜化された犬になっても、嗅覚は人が嗅ぎ分けられる限界濃度を一億倍に希釈しても嗅ぎ分けられる。足跡で犯人を追う警察犬である。救助犬もそうである。

嗅細胞は、人は五〇〇万個であるが、犬は二億二〇〇〇万個持っている。私の荷物の臭いを嗅いで、いろいろな人のハンカチの中から私のハンカチを見つけ出された経験がある。

人の可聴周波数範囲は二〇〜二万Hzである。犬は四〇〜四万七〇〇〇Hzで、人の聞こえない高音が聞こえる。犬笛は人には聞こえないが犬には聞こえる。音量が小さくても聞こえる。

視覚が劣るといっても桿状細胞が多く、低照度、つまり暗い所でも見える。夜、犬の眼が光る。網膜のタペタムの反射である。色覚は劣っていて赤は見えにくいと思われる。

犬の味覚はどうなっているだろうか。

犬が食べている時の動作を見たことがあると思うが、食べ慣れている食物は喉を通る大きさであれば咬まずにすぐに飲み込んでしまう。味わっているとは、どうも見えない。ひと飲みである。それが見慣れないものであれば鋭い嗅覚で調べてから食べる。

人の味覚には甘味、酸味、塩味、苦味、そして旨味がある。

味わう味覚受容器の味蕾（みらい）は舌に存在する。人の味蕾数は約九〇〇〇であるが犬は一七〇〇と少ない。犬の味蕾を調べると甘味に反応するものが一番多く、二番目に多い受容器は酸味、三番目は旨味成分、アミノ酸系と核酸系のヌクレオチドに反応した。四番目がフラニールやエチルマルトールという果物の甘さに似たもの。我が家の愛犬も果物が大好きである。ブドウ、タマネギは与えないようにしましょう。

犬にも食物に嗜好性がある。

米国の犬は肉を好み日本の犬は魚を好むと言われたが、今は日本も肉が豊富になったのでそうではなくなった。昭和二〇年代は人間もあまり肉を食べる機会は少なかった。

犬の食物の嗜好性は生後三週間頃に影響を受ける。母乳が最初の食物になる。羊水の中にリンゴ溶液を加えたラットは、リンゴ風味を好きになったという実験がある。

母犬の食生活が仔犬の嗜好性を作る。

母犬は離乳が始まると未消化のものを吐いて仔犬に食べさせる。仔犬は味と匂いを記憶することになる。

犬は肉食動物と思われているが、雑食性である。昔は残り物と味噌汁をかけてやっていた。今は飼主もいろいろな物を食べるので肉の割合も多くなったが、最近は製品化されたペットフードが愛用されている。

乾燥されたフードばかりで生鮮食品を食べさせないのは問題があるのではと思う。いつも同じものばかりで愛情が感じられない。嗅覚のいい犬は毎日、飼主の食事のいい匂いを嗅いでいる。犬だけ同じカリカリでは可哀相である。犬は実験動物ではないのである。

好きな物を食べて飼主より先に死ぬのは仕方がない。飼主に先立たれ、残された不幸な犬をたくさん見てきた。

食生活は犬も飼主と似るので、飼主がデブだと犬もデブである。食習慣が似るからである。そして、もちろん犬にも猫にも糖尿病がある。

人には犬という動物に対して欲望と期待があったからたくさんの種類が作られたのだろう。

新石器時代のイラク北部のメソポタミア文明前一万二〇〇〇年～一万四〇〇〇年に、人間は待ち伏せして直接獲物と対決していたが、弓矢を発明し、犬が狩猟の相棒になった遺跡があった。

オオカミの家畜化は世界のいろいろな所でされたらしい。中東が始めらしい。

DNA塩基配列の研究で四つのグループに分けられている。

デズモンド・モリスの犬種事典に一〇〇〇種以上の犬種が紹介されている。犬の長い歴史の中で六つのグループに分けられた。

野生犬種。ドール（中国・インド・インドシナ・ジャワ）、ディンゴ（オーストラリア）、リカオン（サハラ砂漠・南アフリカ）、ヤブイヌ（中央アメリカ・南アメリカ）、オオカミである。

隔離された犬種。人間に飼われている犬でも人間に隔離されていれば、土着の犬として独自の犬種になり、他の犬の遺伝子が混じらない。

保護された犬種。土着の犬がその土地の生活、飼主の望む能力に順応していわば純血性が守られる。

特別な仕事をする能力。能力を求められると選択的に繁殖される。狩猟犬は獲物を捕る能力、牧羊犬は群れを守る能力。

新しい犬種。人間が犬に新しい能力を求めて雑種を作り固定される。しかし、これは大変な努力が必要である。今、働いている警察犬、盲導犬、聴導犬、麻薬犬、災害救助犬などがいる。

だが、今はコンパニオンアニマルと呼ばれ、人の心の中に入ってきた。家畜の中で一番親しい関係である。


アメリカの臨床心理学者・ボリス・レビンソンが初めてペットを使った「心理療法」の技法が治療者（セラピスト）と患者の関係を良好にすると研究発表した。彼は犯罪者の多くが子供の頃に犬を飼育した経験のないことに気付いた。更生施設で彼らに犬を飼育させると、その後の更生がうまくいくと報告している。ペットは人間性の回復に役立っているということである。

レビンソンは自閉症の治療センターで動物を介在させた「アニマルセラピー」なる言葉

を作り、精神的に不安な人たちに動物を介在させた研究をした。すると、現況で満足できないこと、不安なことをなくし、生活の質を向上させて自然体になるのだ。

他人の言葉に傷付いた人が、人の言葉では治らず、犬の眼をじーっと見ていると治るのである。

子供たちが犬、猫、ハムスター、金魚などを世話したいのは、人が自然に動物への愛情として持っているものなのだろう。それを満たしてあげる、愛を持たせてあげると子供は大きくなる。

子供は人間よりも動物との間の方が上下の差がなく一体感を持ちやすい。だが、ペットを怖がる子供もいる。それは親のペットに対する態度に影響される。動物は汚いものと思い、動物飼育の楽しみを知らないと、子供にペットの可愛さを伝えられない。

何かを愛する心は人を大きくする。愛する対象をたくさん持っている人の方が生活が豊かになる。音楽・絵画・演劇などの芸術であれ、花・動物であれ、楽しめるものは心の泉である。

文化と時代をまたがる時でも、その時の動物の役割がある。

ボリス・レビンソンが言う心理療法、動物に接することによる人間性の回復など、犬を飼うことの利点を認識して飼いたいものだ。

犬を飼って面倒だったという飼い方でなく、飼ったら生活が豊かになったと思えるような、人と犬との「人犬（にんけん）関係」を築きたい。

犬の役割①……人の医療に役立つ

犬の寿命は人に比べて短い。私が専門誌に発表したデータでは、一三歳までに七七%が死んでいる。

生物の寿命は個体ごとに遺伝的に決められている。象とネズミの寿命の長さは違うが、心臓の鼓動の回数は同じであるという。

犬の加齢による機能低下の進行は人と同じである。身体のさまざまな器官、細胞は萎縮し精神活動も障害を起こし、記憶や判断、思考に支障をきたし、社会生活に問題が出てくると痴呆症と呼ばれる。

犬の加齢を見ていると、まさに犬の痴呆も人の痴呆と同じである。

犬の痴呆は愛犬としての飼育が困難になる状態である。方向失認（前にしか進まない）、昼夜逆転、飼主に対する認識の破綻、目的もなく吠える、歩き回る、自分がしていることが分からないのである。脳、神経細胞の数も減り、神経伝達物質の産生の減少と時間が遅くなる。

高齢犬の脳病理所見を見ると人のアルツハイマー型痴呆と似ているという。人の平均寿命も延びているが、悪性腫瘍が増えている。個体のＤＮＡの突然変異による発がんである。

犬のがんは種類も進行も人のがんと類似している。アメリカ医師会会長が「医学は獣医学に学ぶところがある」と言っていた。悪性のがんにメラノーマというのがあるが、犬のメラノーマの治療法が人医に大いに役立ったとも言っていた。

私は大学卒業後、旧厚生省の研究所の獣疫部実験動物室に勤務していたが、犬も実験動物とした。

疾患モデルに使う利点は、犬はヒトより寿命が短く、早く高齢化する。八歳くらいから老化が始まるので、人の疾病のモデルになる。

犬のがんはすべて人と同じ種類、進行の仕方である。がん発生の種類の頻度が違うだけだ。当時、犬は倫理上の制約が少なかった。だが今はコンパニオンアニマルと呼ばれ、実験動物として使えない。

今は実験動物でない家庭犬が老化している。

米国国立心肺血液学研究所で行われているフラミンガム心臓研究で対象に選んだのは、

すべてゴールデン・レトリーバーである。実験室にいるのではなく、実験に参加した一般家庭のペットである。飼主と同じ環境にいる犬である。

フラミンガム研究に協力する「イヌの生涯健康プロジェクト」の犬は、死ぬまで飼主と共に同じ生活の影響を受けたレトリーバーである。それを疫学者、腫瘍学者、統計学者がデータを集め、がんについて検討する。飼主も同じ哺乳類だから、この研究は医学にも役立つであろう。

新薬の開発には安全性と効果について実験が不可欠である。人へ適用が難しい薬の投与でも、疾患モデルである老犬では倫理上の制約が少なく、飼主の同意で投与できる。

犬は老体に鞭打って、人の健康のために頑張っている。犬を嫌いな人も犬に感謝してもらいたい。

高齢化するまで実験動物の飼育は時間と費用が大変だ。飼主と共に高齢化する犬は老人医療の大切な対象である。

抗がん剤の治験に於いて、人工がんと自然発生がんでは臨床に役立つのは自然発生がんの方である。

一〇歳以上の犬の死亡原因の半数はがんであるというデータもある。メスでは乳がんが多く、卵巣腫瘍、オスでは睾丸のセルトリ細胞腫、前立腺がん、両性には悪性リンパ腫、白血病、骨腫瘍、肺がんなど、犬のがんの研究は医学に役立っている。

犬の役割②……人の心身の健康に役立つ

犬を飼育する意義は何だろうか。

犬を飼っている家庭と飼っていない家庭の違いは何か。飼っていると何か儲かるのだろうか。

飼犬には貰った犬もいれば買ってきた犬もいる。原価のある犬とただの犬がいる。同情して飼った犬もいるだろう。

飼えばどちらも維持費（生活費）と医療費がかかる。

ある新聞社の経済部調べによると、保険会社では飼犬の一年間の経費を二四万八〇〇〇円、猫では一二万八〇〇〇円、犬の一生には三七三万円もかかると発表したという。

動物保険会社の勧誘パンフレットには医療費の高額な値段が表示されている。悪徳獣医の領収書は保険会社に都合のよい広告塔である。飼主が保険に加入していると高額な保険料を請求しやすいのではないかと思う。

保険会社が発表した数字は実情に合っていないと思う。健康保険の加入を勧めるためのセールストークのように見える。

さて、飼犬はお金を使っているだろうか。

いや、実は犬はお金を儲けている。飼犬は家族の健康のためにお金を稼いでいるのだ。犬の力、労働の精神的な役割はお金に換算できない。

人間関係に疲れて、他人に対して心を閉ざしている人も犬とは話ができる。愛犬がいると人との間に絆ができる。犬に費やす時間のすべてが飼主のためになる。

ぼーっとテレビを見ている時間を、犬は散歩に連れて行ってくれる。老人は歩くことで健康になり、医療費が少なくなる。

時代は超高齢社会に突入した。国民医療費は年々増加しており、厚生労働省の報告によれば年間35兆円にのぼっている。そのため厚労省は医療費削減に向けて、病気にならないための健康づくりや、疾病予防の観点からペットの存在に注目している。

一九七〇年頃からペットが飼主に与える恩恵についての研究が始まった。

動物を飼っている人と、いない人の罹患率の調査では、飼っている人は罹患率が少なく、予後も良いという調査が発表された。

例えば狭心症になった人のその後の生存者数を調べたデータなどを見ると、飼育者の方がそうでない人より多い。これは統計の事実である。そのほか飼主への健康、社会的サポートについての効果が多数報告された。

高齢者の医療費が少なくなれば国の医療費も抑えられる。飼主の健康面と医療費削減の両面で役立っているのである。

今の高齢者の病気は心肺系、社会的・心理的な不安による精神病、交感神経による慢性的高血圧などがある。

犬や猫を撫でたり金魚などを見たりしていると、気持ちも血圧も落ちついてくる。犬と歩けば会話も生まれる。人間関係が多くなれば孤独感やうつの気持ちが和らぐだろう。

笑いは健康に良いと医学的にも証明されている。しかし、寄席に行けば交通費など三〇〇〇円以上かかるだろう。運動するためにフィットネスへ行けば一万円以上かかる。犬と遊べば飼育費を差し引いても、それ以上の価値が生まれ、健康が増進されるのである。

犬の頭を撫でて感謝してください。

「ポチよ、ありがとう。お前のお蔭で、健康で長生きできるよ」

◉……人と動物の長い関わり

人類が地球上に誕生して以来の動物と人との関係は、捕食する者とされる者との原始的関係が基本にある。人類の進化は肉食することから始まった。社会生活、共同生活をしている人を「人間」「ヒト」という呼称は動物学的な分類である。と呼ぶ。

人は、ただ動物を食べるだけの存在であっていいのだろうか。

食事の前に「いただきます」と言う。「生命をいただきます」という感謝の祈りのはずだが、食べる前の合い言葉のようになっている。

牧場で牛を見て食べたいと思う人はいないだろう。店頭で肉を見れば食べたいと思う。肉になると生命を感じなくなる。

食物はすべて生命であるという概念はあっても、可哀相という気持ちになれない。野菜を見ても、花が咲いてチョウチョウが飛んできただろうなどとは考えない。

動物の効用は直接的効用と間接的効用とに分けられると思う。

直接的効用とは、人間と生きものとの間に愛情の絆がなく、ただ利益を得ようとする人間の判断である。「食べたら美味しいだろうなー」と思う気持ちである。

直接的効用を考える人間は、毎日、食卓に並ぶ動物の死体を死体と考え付かず、ただ食欲を満たしてくれる食べものとしか見ない。数日前まで我々と同じように生きていたと気付かないことは、動物に対して感謝の気持ちのないことを示している。

そのような人間に端的に表われる行動としては、動物を見た時、不快の表情を顔に表わすことである。野良ネコなど見つけたらすぐに追い払う。

人間は、ただ動物を食べる人と動物を愛せる人に分けられる。動物はただ食べるだけでない人に対して精神的・肉体的効用がある。食用でない植物、動物であっても慈しむ寛容な心が生活を楽しくしてくれる。

食用でない動物で人間の生命を支えてくれる莫大な数の動物がいる。私も研究所で研究していた実験動物である。小さなマウスからハムスター、モルモット、兎、犬、猫、猿などいろいろいる。実験動物の研究は、ウイルス、細菌などを感染実験して病態の研究のための病原体を得る。

実験動物には疾患モデルがいる。糖尿病、白内障、高血圧など人間と同じ病気を発病する系統の動物がいる。持病持ちの動物である。これらの動物で薬の効果をみたり、発病のメカニズムを研究するのである。

人と遺伝子がほぼ似ているチンパンジーなどは「人権」がないから自由に実験に使われている。ポリオ（小児麻痺）の実験にはたくさんの猿が使われた。

新しく開発された薬はすべて、人間に使用されるまでにマウスを始め一〇〇万単位の動物の生命が犠牲になっているのである。

実験のために生まれてきた動物のことを考えると、人間は自然界にいるすべての動物に対して優しくしなければいけないと思う。「優しく」も、「優れる」も同じ字である。

私が動物実験の研究所を辞めたのも、ピーピー鳴くモルモットやハムスターの声を聞きたくないと思う気持ちがつのったからだと思う。

日本と比べアメリカの研究は自由だなと思ったことがある。五〇年以上も前の話なので細かいことは忘れた。アニマル・ケア・パネルだったかもしれないが、研究の内容はマウスのどの部分の毛を刈ると体に一番影響があるかというものだった。日本ではそんな研究をすると言ったら、予算は出してくれないだろう。

結果はお腹であった。

金太郎さん（お腹に当てる菱形の布）の医学的研究である。私が子供の頃は、お腹が冷えないようにと親が金太郎さんを付けてくれたものだ。学問的裏付けのない、日本人の知恵だったのだろう。長く続く良い習慣は、後から学問が証明するもののようだ。

インカ帝国のチワワ犬は行火（あんか）だったという話もある。猫を抱いて寝るのも懐炉（かいろ）である。老人には低温火傷（やけど）もなく柔らかくて良いものである。老人が猫を飼うことは、散歩もいらず、健康に良いことである。

アメリカはデータ（調査・統計）を調べるのが好きな国である。一〇〇年以上前の古いデータがたくさんある。

子供の頃の親子関係と、その子の寿命の長さとの関係などというものもある。人の命は九〇年も一〇〇年もある。その子供のデータがある。そしてその関係が寿命と関係していると発表している。親子関係が良いと子供の寿命が長く、親子関係が悪かったり、親が離婚したりした子供は生活が不安定になり、結果、寿命が短いという。

犬を飼う効用については別項にも書いた（25ページ参照）。

動物を飼っていると何がいいのか。

アメリカの「人と動物の関係学会」などの講師を招いて勉強したこともあった。つまり、動物の飼育が人間に与える効用について研究する対象になった。動物を食べる対象だけでなく精神医学の面で研究するアンソロズーオロジー（人間と動物の関係学）が生まれた。二〇〇二年、麻布大学にＡＡＴ（Animal-assisted therapy）動物介在療法、ＡＡＡ（Animal-assisted activity）動物介在活動のプログラムが実施された。二〇〇七年には東京で「人と動物に関する学術大会」が開催された。

アンソロズーオロジーは人と動物の相互作用の研究と、人と動物の絆のあらゆる現象と社会科学の研究である。西欧諸国では病院、学校、施設にセラピーアニマルが活躍している。二〇〇七年の東京大会はその始まりだった。

動物を飼っていると健康にいいのか。狭心症などに罹患した人で、犬を飼っている人と飼っていない人の五年後の予後はどうなっていたか、そんなデータもあった。犬を飼っている人の方が二倍も生存していた。

犬と散歩をしている人とよく会う。

「犬の散歩をしているのでなく、犬に散歩をしてもらっていると思ってくださいよ」

と声をかける。犬がいなければ、家でテレビを見ているだけで運動などしないだろう。

犬を飼うことの健康効果とは、犬と遊ぶ運動である。精神的な心の和みもある。

高齢者で動物を飼っている人といない人では、飼っていない人の方が病院に行く人が多い。飼っている人の方が病気になりにくい。統計的なことだが実情を現わしている。心疾患でもそうだが適度な運動がいいのだろう。動物を飼育することの精神的な面の効用はどうであろうか。

動物を飼うと世話する。餌をやったり散歩をしたりして、生活にリズムができる。

アメリカのデータだが、重大犯罪を犯した犯人は子供時代に動物を飼った経験がない者が多いと発表している。

子供が動物の面倒をみて、自分が頼られているという経験は精神的な成長に大切である。世話をして、責任を成し遂げると自尊心と独立心が生まれる。

少年院、刑務所で入所者が犬の飼育をすると犬に愛情を感じる。心に暖かい隙間ができる。再犯率が低くなる。作業の中に動物の飼育を取り入れている施設もある。

アニマル・セラピーなる言葉も生まれた。人間は犬と接する時に自尊心から解放され、威張る必要もなく、頭を下げる必要もない。犬が命令してくることもない。うつ病の人も犬の頭を撫でてやれば尾を振り喜んでくれる、素直に対応してくれる。自分が傷つくことなく嬉しくなれる。

犬、猫はアレルゲンになって喘息などの原因になると避ける傾向があるが、小さい頃から動物と暮らしていると脱感作でアレルギーになりづらくなる。我々の子供時代は回虫、条虫などがいるのが常であった。そのお陰でアトピー性皮膚炎の子供はいなかった。

料理研究家で有名な小林カツ代さんの娘さんが誕生日祝いに私の病院から仔猫をもらってくれることになった。小林カツ代さんは生命に対する愛情が深くチャボ、カラス、あらゆる動物に愛情がある。前の本に小林カツ代さんについて書いたことがある。

医者からはアレルギーの元になるから飼ってはいけないと強く言われた。たしかに顔に発疹が出たようだが可哀相な仔猫を捨てるくらいなら子供を出してしまうと医者に言ったそうだ。

脱感作でネコアレルギーにはならなかったお陰で、今も動物に囲まれて生活している。動物がいるだけで人間間の緩衝材になっている。人間の哀しみや怒り、孤独、厭世感を減弱させる。犬を可愛いと思うだけでそうなるのである。

「犬と一緒に育つ赤ちゃんは病気に強い」という発表もある。

お腹の虫と共存していた時のように免疫系の発達が順調にいく。犬のいる家庭で育つ赤ちゃんの方が感染症を発症する確率が減少したことが確認された。

犬を飼うことの効用があると思っていただけたらありがたいと思う。

タバコを飲む楽しみよりは犬を飼う楽しみの方がより健康的である。

犬を嫌いな人よりも犬好きの人のほうが人間同士の絆が多い。

動物が嫌いでも肉を食べるのが人間（にんげん）、犬好きの人は人犬（にんげん）（犬に点が一つ多い）。多い「、」は犬に対する愛情のある人を指す。

#「動物医者」の私の視点

●……動物病院の役割とは

「生老病死」――。誰もが避けられない人生の通過点である。

病院がその通過点にある。病院は死に場所であり、患者は人間として尊厳を保持したまま死なせてもらう。

一九九五年、オランダ議会下院で「安楽死関連法案」が圧倒的多数で可決された。

「患者が不治の病に侵されている」

「苦痛が耐えがたく緩和の方法がない」

「患者自身の自由意思」

このような条件がついているが、薬物死が合法化された。

老人の死が長生きは必ずしも幸せでないと考えさせる。これまでの医療は命を延ばすことを目的にしている。今の医療は死なせ方の考察がされていない。

「尊厳死」とは医療機器や薬物の力で無理に生命を保持させず、自然の状態で死なせることである。

危篤状態にある患者は酸素ボンベからの管、人工呼吸器、心電図の導線、尿道カテーテルが繋がれ、腕の静脈には点滴がセットされている。この状態を「スパゲッティー症候群」と呼ぶ。医療関係者が昼食にスパゲッティーを食べるという話ではない。

医療技術の進歩により発病から死亡までの時間が長くなった。それが終末医療の問題となる。高額な医療費となる。国の財政の問題となる。

病院は治療のために機能しており、死ぬことを考えない。

「死なない医療がいい医療なのか」

「上手に死なせる医療はどうなのか」

人は生きている間に何度も別れを経験する。小さな別れをくり返す。身内、友人の死は悲しい。大きな別れが本人の死である。

人は何故、死を恐れるのか――。

死後の世界を考えるから怖いのである。そんな怖がるようなものはないのである。あえて考えれば先に逝った人に会いに行くのである。

動物病院での死の体験は、人間ではないので少し冷静に考えられる。

「ペットロス」という言葉がある。飼主の正常な反応で、その対応を考えるのが動物病院である。

「人間と違って動物には遺産がありませんから」と言う人がいる。だからどうしたというのだ。愛するものとの別れは動物でも人間でも同じだと私は思う。

動物病院で死別の体験をして、ふだんから自分の死についても関心をもつ。生まれることはやがて死ぬことなのだから、恐れず明るく話題にする。自分が死ぬという実感がないから考えないのではなく、死を避けずに身近に置いておく。

犬・猫の寿命は短いので、飼主は当然その死を経験する。その死を大切に考えることで動物の生命の尊厳を守り、自分の死に対して冷静な態度をとることができる。

私の書いた「惜別の唄」という文章を記しておく。

惜別の唄

生者必滅（しょうじゃひつめつ）の時がきた。

会者定離（えしゃじょうり）、良き家族、良き友、支えてくれた人々に感謝する。

私の終わりを悲しまず、良かったなー、と思ってほしい。

歳には不満はない。自分の考えを伝えるのがこの文である。
いろいろな宗教があるが、
どれも与えられた生命は自分で断ってはいけないと説く。
精神が真面（まとも）な時に自分の終末について考えておく。
認知症になったり、意識がなくなってからでは遅いのである。
つまり、無理して生きないということである。
満足に生きてきた。やさしい家族に恵まれ、
関わり合った素晴らしい人々に感謝する。
この世に思い残すことはない。
この世に生命を戴き充分生きてきた。
人生の終わりを自ら決定する事ができる文化が生まれるか。
悲しく、追いつめられて死んではいけない。
生命の終わりは慌ててはいけない。
もの皆、物質に帰るだけだ。何も言うことはない。
少しでも生命が長らえれば良いというものでもない。

早いということが良いこともある。
心配するな。
自分が納得して望んだことだから余計なことはするな。
医療はいらぬ。本人が望まぬ生き方をさせてはいけない。
また、子供たちのために屍で生きる必要もない。
あっさりと想い出に生きなさい。
麻酔のままで逝く。それもまた幸せか。
人間が生きるということは立派である。
その人だけの人生だからである。誰にも代わる事ができない。
自分の時間を生きているからである。
僧侶もいらぬ。戒名もいらぬ。磯部芳郎のままでいい。
終わりにはその人の生き様と死に様を認めなければならぬ。
死に顔を他人に見せてはならぬ。
認めてほしいと本人は思うだけである。
人間は約束を守らねばならぬ。

黄泉(よみ)の国は楽しいから、もう戻らぬ。

人間は自分の生きたいようには生きられない。死にたいようにも死ねない。だからあえて動物の死に際に、自分の死に方について文章に書いておくのだ。

動物病院から学ぶ生命の尊厳である。

葬式の主催者は本人である。本人が参加しているが如く、今だからできる録音テープで参列者にお礼の挨拶をする。葬式後の宴会（法宴）も思い出を楽しく語り、参列者は再会を楽しんでもらいたい。

「出汁(だし)」になるのも人の徳である。

◉……動物病院の台所事情

い「犬も歩けば動物病院に当たる」
ろ「論より証拠で検査漬け」
は「白衣を着ればやり放題」

動物病院の数は動物の飼育頭数に対比して多過ぎる。この辺ではコンビニより多い。以前には猫の手も借りたい時もあったのに、今では猫の手になりたい気持ちである。人の家族人数は三、四人が平均である。犬・猫を飼っている家は一〇軒に一軒ぐらいであろう。

動物病院の台所事情はどうなっているのか。台所の〝入り〟のことは後で話すことにして、台所の臭いと所作、雰囲気はどんなものであろうか。

病院は治療する所であるが、死ぬ所でもある。医学は死の邪魔をしてはいけないのである。そのことを頭に置いて読み進んでください。

兄弟二人の所にクリスマスプレゼントに可愛いプードル犬がきた。子供にとってはゲームやおもちゃなどよりこんなに嬉しい贈物はない。

子供は本能的に動物を飼いたいと思っている。

子供が動物を飼い始めた時に、こうしなさい、ああしなさいと命令しない方がいい。飼い方の約束などしない。動物の面倒（生命）をみる自覚も持たせ自分で考えさせる。自分で調べさせる。尋ねてきた時に飼い方の調べ方、参考書などのアドバイスをする。

動物を飼い始めたことで子供の自主性が生まれる。親に面倒をみてもらっている本人が、面倒をみるという自分の役目ができた。その自覚は人間としての成長に役立つ。動物を自分の責任で飼う経験は自分の時間の使い方も学ぶ。何かをしてもらっているばかり、遊んでばかりの過ごし方でない自分に気付くことになる。

愛するものの死の悲しみを学ぶことも、寿命の短い動物を飼わなければできない経験である。動物が死んだ時は生命について考えさせるよい機会である。

病院は死ぬ所である。動物病院は動物が死んで終わりというわけにはいかない。そのことについてはまた別に述べたい。

動物を飼う楽しみを経験する意味は何か。幼い時の楽しい経験は人生にどんな価値をもたらすのだろうか。

誕生日に、「誕生日、おめでとう」と祝福され、いつもと違う美味しいものを食べれば子供は嬉しい。自分は大切にされていると思う。すると他人の命も大切にしたいと思う。これが命の連鎖であろう。

「三つ子の魂百まで」。生まれたら怖いことを知らず、満足、満足で育つ。社会がどうであろうが家庭は平和で仲良く過ごす。

裕福であろうが貧しかろうが、母親から生きる幸せを教えてもらえないと人生の目的が持てず、人生に否定的になる。

子供の頃の穏やかな環境が仁（じん）ある人間をつくる。

子供と動物は上下関係もなく一体感が生まれやすい。子供が動物に愛情を持つことは自然である。

子供が動物を飼う意義について考えてみよう。

子供は自分と動物との関係に、親と自分の関係と同じようなものがあると考えている。

動物にも善悪が分かると思うから、いたずらについても判断する。

自分は動物にどう思われているかと自分についても考える。動物からも好かれたいと思う。動物に優しく接すると、動物は懐いてくれる。すると子供は好い結果を望み、自分の感情や気持ちを外に向けるようになる。

子供は親に対してはできない命令を、動物に対してはすることができる。オテ、オスワリなどと言って犬を服従させることができる。

親はそういう子供に対して、子供として接するのではなく、ひとりの人間として認めてあげる。子供は自分を認めてもらえた経験を通して自己を確立していく。

落ち込んでいる時に犬の柔らかい毛を撫で、犬が喜んで尾を振れば心は和む。誰も居ない家に帰った時に、犬が尾を振りながら出迎えてくれたら寂しくないだろう。

子供は犬を飼う責任を感じ躾をする。犬が行儀よくすれば家族に好かれる様子を見て、なるほどと思う。行儀よくすることで親から好かれるのだと分かる。犬に躾を教えることがなかなかうまくいかない時には、自分も忍耐強くなる。

人から優しくされたければ、人に優しくしなければならない。人から親切にされたら、感謝する素直な心がほしい。犬にした行為に対して、犬は態度で示してくれる。犬を飼うことは子供の成長に良い影響を与えているのである。

犬は死ぬから飼わない、という人がいる。

さて、そうだろうか。死ぬから飼う価値があるのだと私は思う。

寿命の短い動物を飼えば死別を経験する。花が枯れても泣く人はいない。花とは意思の疎通がないからである。

子供が成年になる前に、死の悲しみを経験することは大切なことだ。

前著『動物病院を訪れた小さな命が教えてくれたこと』の中で「悲しみに向き合う」という文章を書いた。人は、さまざまな悲しみに出遭う時が必ずある。その時、悲しみをどう処理するか。それは悲しみに向き合うしかない。愛犬の死は、子供が愛するものを失った悲しみに向き合い、乗り越えるには良い教材である。

病院は病気を治す場所であるとともに、実は死ぬ場所でもある。

人間の話だが、医療は死ぬ邪魔をしてはいけないと書いた。平均寿命の数年前どんな状態で生かされていたか、そして、その時の医療費はどうであったか。自分ならどうするか、真剣に考えなくてはならない。医師で作家の久坂部羊氏によると、日本人は死ぬ前、平均男六・一年、女七・六年間の寝たきり生活を送るという。

私の病院で配布している「大疑問⁉ 動物医療の高額治療費」という文章を本書にも掲載している（71ページ参照）。

動物病院の台所の「入り」のところはどうなっているだろうか。

死ぬ時が既に予想される動物がいる。優れた獣医師は早くから死ぬことに気付いている。その時に、「最後まで面倒をみるのが飼主の務めですよ」と言って治療を長引かせる獣医師がいる。飼主に死を容認させる努力をせずに、なるべく長く治療費を使うのが飼主の愛情のように思わせる。

しかし、私はいかなる方法で動物を楽に死なせてあげるか、飼主に悲しみをどう容認してもらうか、それを考え説明するのが本当の獣医師だと思う。

私の主張が掲載された新聞記事を紹介しよう。『読売新聞』の「気流」欄に投稿した「飼主の立場で適切な医療費に」と『読売新聞』の「顔」欄に掲載された私の紹介記事である。

飼主の立場で適切な医療費に

獣医師　磯部芳郎　七二（東京都東久留米市）

私は動物病院を経営している。先日、犬の飼主から別の動物病院の領収書を見せられ、会陰ヘルニアの手術代が「20万円」とあり、驚いた。通常は5万円ほどでできる手術だ。
ペットの医療には、公的医療保険制度がなく、自由診療になる。医療費は、獣医師や動物病院が決めている。法外な領収書を見ると、収入を増やすため、わざと高い値段を請求しているように思えてならない。
私の病院に、未収の医療費の回収を代行するという業者からの案内の手紙が来る。このようなビジネスがあるのは、高額な請求が日常的に行われ、それに納得できない飼主が払わない事例が多いからだろう。獣医師には飼主の立場にたって、ペットの治療する姿勢が求められる。安易な商業主義に走ることは、慎まなければならない。

（二〇一一年三月二〇日付『読売新聞』「気流」欄）

「ペットロス」への十分な配慮を訴える獣医師

磯部芳郎さん　69

東京・東久留米市で開業している動物病院に、ある日、高齢の女性が領収書の束を手に現れた。計155万円。大学病院に支払った愛犬のがん治療費だという。「苦しさに耐えさせ、残ったのはこれだけでした」という女性のつぶやきが心に残る。

ペットの死で飼主が心身の調子を崩す「ペットロス」が問題化している。過剰な延命治療に疑問を抱き、安らかに最期を見送ることも「獣医師と飼主の役目」だと強調する。泣いても笑っても、子どもの顔になる。多くのペットを飼主とともにみとり、涙を流してきた。最近、体験を『動物医者の独り言』という一冊にまとめた。「ペットと暮らせることの意味を見直してほしい」という。

家族の愛情に恵まれなかった少年時代、愛犬ムクがそばにいた。「動物との共生」を生涯のテーマにし、国の研究所勤務などを経て開業。今は、飼主に先立たれたペットの高齢者による共同飼育も計画している。

その姿勢にファンは多い。本には作家の津村節子さんが後書きを寄せる。〈病気を看(み)るだけの獣医ではない〉（生活情報部　松本美奈）

（二〇〇八年一二月三〇日付『読売新聞』「顔」欄）

また、英字新聞にも次のようなタイトルで掲載された。

Tokyo vet writes about animals' life,death "The deaths of animals make me think about how I want to die"（東京の獣医師が書いた、動物の生命と死について『動物の死が自分の

死についてかんがえさせた』）

医療とは何か、動物病院から学ぶべきことは何か、動物の死を見つめて自分の終末医療をどうしてもらいたいか、死を恐れず考えたい。

すでに始まっている超高齢社会で、老人・障害者・末期患者となる人をどう迎えるか。医療技術の進歩で死なせてもらえない、完全に自立できにくい人間同士がどう生きていくか——。

支えられる前に、つまり予備軍の時に支え合う社会作りに参加して、高齢化の当然の成り行きとして福祉社会が実現するものと思いたい。

孤独と不安に立ち向かうために支え合いは価値ある行動である。良い福祉社会ができなければ「みすぼらしい社会」となってしまう。

現に経済的にもみすぼらしい社会になりつつある。家計所得は、この二〇年で二割落ち込んだ。年収も三〇〇万円以下の世帯が三四％を占めている。貯蓄率ゼロの家庭が二割もいると発表された。

そして、動物病院の手術代が五〇万円以上するという訳の分からぬ社会になっている。動物病院の台所は、安売りするか余計なことをして売り上げを上げるしかないだろう。

「ただ診察して注射二本で帰すのでなく、血液検査、X線などいろいろトッピングして、売上を上げなければ駄目だ。給料を貰っているんだろう、少しは頭を使え」

「白衣を着ている者が言えば、相手はお願いしますと言うだろう。開業すればお金を稼がなければならない。学問と経済の知恵を付けなければだめだ」

動物医の間では、こんな言葉が囁かれているのだろうか。公的な基準がないから比較のしようがない。

動物病院は動物の身になって親身に施療をし、人間社会のやさしさの見本にならなければならない。

私は飼主も診察する

獣医師は動物を診察する前に飼主を診察しないと動物が不幸になる。

臨床獣医師は飼主を正しく診断する能力が必要とされる。これからの治療の進め方、生命の終わらせ方、ただ生かせればいいというのは治療ではない。

私の病院のカルテには飼われている動物の環境について記載する項目がある。家族構成、屋内飼育か屋外飼育か、どんな餌を与えているか、他にどんな動物がいるか。飼主のcharacter（性格）というのもある。やさしい人か、神経質な人か、穏やかな人か、説明を理解してくれる人か、トラブルメーカーか。

とくに慎重になるのは避けがたい死を迎える時である。飼主に死を容認してもらうには、こちらにもそれなりの知識と話術と努力が必要とされる。相手の人を見て話すということである。

健康な生命に戻せるか、戻せないか。ただ、生命を延ばすだけを医療と考えているのか、動物の状態や飼主の生命観を観察する必要がある。それから治療は始まるのである。

人間は生まれながらにして動物を飼いたいと思うのが本能らしい。動物を怖がる人は野獣と暮らしていた時代の名残りの本能の持主かもしれない。ほとんどの人は動物の子供を見ると可愛いと思い抱きしめたいと思う。

では、動物病院を訪れる人たちはどんな動物を飼育しているだろうか。

犬、猫、小鳥（カナリア・文鳥・十姉妹・セキセイインコ）、大きなインコ（キボウシインコ・コンゴウインコ）、ウサギ、モルモット、ハムスター、マウス、フェレット、いろいろな亀、蛇、イグアナ、ニワトリ、チャボ。タヌキを飼っている人もいる。

飼う動物の種類に違いがあるのは、飼主が自分の望む欲望を満たしてくれる動物を選ぶからだろう。

ある動物を飼う時、飼主の考え方はどうなっているのか。

一九三五年、ドイツの精神医学者であり心理学者のクレッチマーが「体格と性格―体質の問題および気質の学説による研究」を発表した。「肥満型」は陽気で社交的、躁鬱病、「痩せ型」は内気で内向的な気質、統合失調症になりやすい、「筋肉型」は粘着気質で頑固、融通が利かないと分類。ヨーロッパの指導的な役割を果たし、この研究は受け入れられた。

クレッチマーの分類ではないが、飼主は飼う動物種によって大まかな傾向が見られる。あくまでも大まかな人物像であるから誤解しないようにお願いしたい。当てはまらない人もたくさんいるだろう。

飼う動物の種類別にクレッチマー先生のように心理調査研究したら論文ができるかもしれない。

では私が観察した経験を発表しよう（自分勝手なところが正直でいいと、誰かほめてください）。

犬好きの人は動物が好きで自分が飼っている犬以外の犬、他の動物に対しても大らかである。外向的で話し好き、対人関係もゆったりしている。

猫好きの人は自分の猫が一番大切で、他人の猫は自分の猫に迷惑をかけると思っている。犬好きの人より動物好きではない。しかし、多数飼育する人がいる。また、犬好きの人より対人関係が厳しい。

ウサギの好きな人は自己中心的で付き合いが難しい。真面目な人と言える。友達としては面白味に欠けるかもしれないが、良い友達にはなれる。

小鳥を飼う人は気の優しい人が多い。小鳥を飼うのは場所も取らず、うるさくなくていい。

鳴き声は美しい。面倒も少なく、好きな時に見れば気が休まる。二〇一七年、オウム病が妊婦に感染した。

ハムスター、モルモットを飼う人は穏やかな人が多い。友達関係がいい。

チャボやニワトリを飼う人は「明るい農村」といった感じでいい。

蛇や他の動物を飼う人は変人の傾向がある。良く言えば個性的。また、変人は友達として価値ある人である。

どんな動物を飼うか、どのような友達を持つか、それぞれの人生に大いに関係してくる。どんな動物を飼うか、どんな友達と付き合うか、何となくではなく、意識して考えるのも良いと思う。

犬の飼い方を見てみよう。

どんな飼主に巡り合えるかは、犬の犬生（けんせい）に大きな影響を与える。幸せになるか、不幸になるかの別れ目である。それは人間の結婚にも似ている。

長く臨床医をしていて、いろいろなタイプの飼主に会った。動物を診る前に飼主を診察するのが信条の私は、どんな人間なのかを見極め、それによって対応も変えなくてはならない。臨機応変に、相手に不安を与えない対応をすることになる。

何のために犬を飼っているのか、心配の種のために飼っているような人もいる。

病気ではないだろうか、長生きできるだろうか、と何かにつけて来院する。美しい鉢の花に水をやり過ぎて腐らせるようなものだ。いろいろ検査をしてお金を儲けるためにはいい飼主であるが、飼主を診察する私としては、のんびり飼うように飼主を指導しなければならない。

動物を飼う楽しみ、動物が与えてくれる心のゆとり。動物との厄介でない楽しみ方を教えなくてはならない。心配性の人を治すのは根気がいる。

生き物に対して無頓着で愛情のない人もいる。

生き物は栄養摂取と排泄がある。動物でも社会性と躾は大切である。飼主には飼っている動物に快適な生活をさせる義務がある。動物愛護法もある。ひどい飼い方は近所迷惑になり、動物の嫌いな人の味方をすることになる。

動物を飼う楽しみを得る方法としては、私の書いた「いそべ式五箇条」がある。

良い飼主になるためのいそべ式五箇条

一、生きものに深い愛情をもち、常に安定した状態で接すること。
二、好ましい状態で接すると、動物から信頼を受けられる。
三、動物が信頼をしている飼主から叱られた時だけ、動物は反省する。
四、信頼関係の中で、動物を自分勝手にさせずに強く叱ること。（時に体罰も仕方ない）
五、信頼を寄せていない人に叱られると、なおさら反抗的な悪い性質になる。

この文章を飼主に渡すこともある。そしてもし、あなたの犬の性格が悪くなったら犬のせいでなくあなたに問題があるかもしれないと話す時もある。

私はPTA連合会の会長をしていた時があり、挨拶をする機会がたくさんあった。先生方にこの文章の「動物」という箇所を「生徒」に変えて考えると、なるほどと納得できるかもしれませんと話したことがある。顧客で新年度校長になる方にこの文章を渡したこともある。

動物の飼主になることも、子供の親になることも、子供の教師になることも、基本は皆、同じなのである。

動物を溺愛する人は要注意である。人との緩やかな愛情関係が持てず、代わりの対象として精神的に気を遣わなくてすむ犬・猫を溺愛する。

つまり、冷静に犬・猫の相手ができない。死んだ時など取り乱さないように、死ぬ前にゆっくりと時間をかけて生命の終わりを容認させる。看取りの心得、幸せな最期について十分に話をする。

遺族の方が淋しがり泣いてばかりいたら死んだ本人が心配で天国に行けませんよ、と話す。悲しみを乗り越える機会として経験してもらう。

そのためには悲しみに寄り添ってあげる、一緒に泣いてあげる、飼主と悲しみを共有することである。

動物に癒される人、**老人と子供**。

老人がひとりでいる時に何をしているか。テレビを見ている。新聞を読んでいる。何もすることがなく、ボーッとしている。暇潰しもなかなか難しいものだ。それがうまくできる人は達人である。スポーツ、趣味に生きられる人も達人だ。

何もない人は犬・猫を相手にするのが最高に体にいい。

犬にせがまれて散歩に出る。歩くと運動になるし、人に会うと話をする。家でじーっとしているよりは体にも精神的にも良いはずだ。

犬を散歩に連れて行っていると思うのは間違いで、犬に散歩をしてもらっていると思いたい。そのように思う心が人に好かれる。

犬を通して人の和ができる。子供の遊び友達の親同士が「ママ友」になるようなものだ。友達の多い人生の方が豊かである。

独居老人よりも犬と暮らした方が活発になり長生きする。米国のデータであるが、動物と住んでいる老人の方が病後の経過が良いとある。

だが、もしもの時にどうするかと悩んで、動物は飼えないと諦める人もいるだろう。私は以前、提言したことがあるのだが、一匹の犬を三人くらいで飼うのはどうだろう。

誰にでも懐く犬はいるものである。順番で適当な日数を飼うのである。飼育のための費用が人数割になるので減る。食事代も医療費も少なくなる。旅行に行こうが入院しようが犬の飼育の心配はない。

この方法を試みたらどうであろうか。孫に話したら、「犬が可哀相だ」と言っていたが。

子供は犬に癒される。

子供が誰もいない家に帰った時に犬が尾を振って喜んでくれる。寂しく感じない。留守番もできる。

とくに一人っ子の場合、犬とは兄弟のようになる。
面倒をみられる子供が面倒をみる側になる。自立の芽生えである。
動物が死ぬと、死の悲しみを経験する。
獣医師は動物の医者として、動物の視線で飼主を観察して、その使命を全うさせる。

◉……苦労の種を育てるような飼主

前述したように、犬ばかりではなく飼主も診るのが動物病院である。

人間の病院では医者は患者から稟告(りんこく)を受ける。つまり患者の体の不具合を話してもらう。犬は自分でどこがどのように具合が悪いか説明できない。動物病院では飼主に代弁してもらうことになる。

さて、ここで問題になるのは飼主の観察力と表現力である。

「具合の悪い所の説明がぜんぜん違っているでしょう。そんなこと言ったら誤診されちゃう」と、犬が怒っている。

だから獣医師は飼主の話をすべては信用しない。自分で触診して確認したり、飼主に質問してなるべく犬の目線で犬を診る。犬の気持ちが分からなければ獣医で名医にはなれない。自分の愛犬を大好きになり、犬が死んだら自分も死にたいと思うほどにならなければ獣医は務まらない。

私は結婚する前から愛犬を飼っていた。結婚すると、妻と愛犬と三角関係のようになった。妻と話をしていると愛犬が間に入ってきて邪魔されたものだ。

このように、犬はとてもやきもち焼きだ。人間相手でもこうだから、二匹以上飼う時はそれなりの配慮が必要である。

さて、犬は楽しみのために飼うのだが、苦労の種を育てているような飼主がたまにいる。

今時、珍しい雑種犬（三歳、オス）がきた。懐こい元気な犬だった。

飼主は、「頭を振る、体を掻く、舐める」と言う。犬が時々する動作にすぎないのに、「何かしてください」と言う。どこを診ても病変はない。

「あなただってたまに頭を掻いたり、腕をこすったりするでしょう。それと同じようなことですよ」

心配しすぎた余計なことである。

動物病院にとってはネギを背負った鴨みたいな人で、いろいろ治療してあげたら売り上げに貢献してくれる人だ。苦労の種を飼っているような人である。

「犬など飼わずに、きれいなお花の鉢でも育てたほうが楽しいですよ」と言ってやった。のんびり飼ってあげた方が犬も助かるのだ。

●……犬の一生に得ること、出る金

犬の一生の出費は三七三万円と新聞に書いてあった。購入費は含まれていない。この数字がどれだけ正確なのか分からない。年間の費用は犬が二四万八九一六円、猫が一二万八九四一円とある。平均数字を書いたのであろう。食費を除くと医療関連の支出が目立つと書いてある。

昔は雑種犬がたくさん生まれた。たくさんの犬が処分されていた。実験動物になったり動物園で餌にされたりしたとも聞いた。

夜は鎖から放され、自由になった犬は友達と会えた。

狂犬病は現在でも発病したら致死的病気である。東京では昭和二四年に一八四頭、二六年には一一二頭の犬が発病した。二九年二月には上野動物園のラマ夫婦が狂犬に咬まれ発症して死んだ。

日本全国、狂犬病の猛威は大変なものだった。昭和二五年八月、狂犬病予防法が制定された。狂犬病の発生を予防し、その蔓延を防止し撲滅するために、輸入の検疫は犬および猫、アライグマ、キツネ、スカンクとされた。

とはいえ狂犬病はあらゆる哺乳類に感染する。現在、狂犬病のない国は日本、英国、スウェーデン、ノルウェー、オーストラリア、ニュージーランドくらいである。米国、メキシコなどは森林型といわれるコウモリの狂犬病は撲滅できないであろう。顧客が東南アジア、中国などへ行く時は、子供に日本の犬と違うので絶対に犬に手を出さないように指導している。最近、日本人で狂犬病で死んでいる人は皆、外国で犬に咬まれた人である。

狂犬病予防法で犬は係留することが義務づけられていたが、夜の放し飼いは普通に行われていた。我が家のムクもモテて、メス犬が遊びにきていた。

麻酔薬も今のような簡単安全なものがないので不妊手術を受ける犬も少なかった。だから雑種犬もたくさん生まれた。

雑種犬はそれぞれ特徴があって、誇りとまではいかなくても「俺の犬だ」と言えた。

私の病院の近くに遊び犬がいて、夜に放すのであちこちに子供を作った。この犬は性病の性器肉腫（ポリープ）の感染犬で、交尾されたメス犬は膣にポリープができた。割れたイチジクのように大きくなり、大変な形相になった。電気メスで切除手術をしたが、この犬の飼主を突き止めたので放さないように厳重に注意した。

この病気がひどくなったオスのペニスを切断したこともある。犬は片足を上げて尿をするが、ペニスがないので尿が後へ飛ぶ犬もいた。

今は純粋犬が多く、流行りのプードル、ダックスフンドだらけだ。自分の犬も他人の犬も区別がつかず、入院室を覗いて「元気になったなー」と間違えた飼主がいた。治療する相手を間違えたら大変だから、同種がいる時には名札を付けていた。

最近は雑種犬が生まれないし、純粋犬でも家庭で生まれることは皆無に等しい。ということは、繁殖だけの目的で犬が飼われていることになる。繁殖に適さない年齢になった犬はどうなるのであろう。

山にたくさん犬が捨てられていた事件があった。家庭で天寿を全(まっと)うする犬もいれば、繁殖だけのために生まれた犬もいる。家庭の愛玩犬と繁殖犬に二分化されているように思う。

犬にとっては受難の時代である。

現在の犬は幸せであると思われる裏には悲劇もある。富裕層と貧困層、学費が払えなくて進学できない子供、奨学金が返せなくて自己破産した学生がいた。話が飼主の方へ逸れた。犬が欲しい時にはペットショップで購入するしかない。一四二、三〇万円もする。若い世代では飼いたいと思っても子供の養育費を考えると買えない。

モスクワで長く特派員をしていた人の話を思い出した。家庭で生まれた仔犬たちを個人個人が売り買いをしていた。値段も日本の八分の一くらいだと言っていた。動物病院も公立のものがあり、何度も予防注射に行ったという。

若い世代では祖父母に買ってもらうしかない。犬の飼育頭数もピーク時の二〇〇三年から毎年八％ずつ減っている。

動物病院を訪れる飼主は五〇歳以上の方がほとんどである。その分、犬も高齢だ。

私が以前発表した犬猫の寿命の報告があるが、犬は一三歳で七七％は死亡する。今から五年もすれば（二〇二二年）、犬の頭数は半分になるだろう。

「犬も歩けば動物病院に当たる」という今の時代、動物病院にとっては由々しき問題である。

昔に比べると室内犬が多くなり、管理も良くなって病気の罹患率も少なくなった。寄生虫の感染犬もほとんどいなくなった。伝染病も予防注射の普及でなくなった。

病気になるのを待っていては患者は少なくなる一方なので、なんとか来させなくてはならない。設備投資した分を回収しなければならず、無駄な検査もする必要が出てくるかもしれない。

食べ物をたくさん食べさせることはできない。しかし、診察に必要だと言って〝検査〟をたくさんすることはできる。動物病院を頼る飼主の心情からすれば、検査をすると言われれば断ることは難しいだろう。それが実は必要のない検査でもお願いすることになる。

動物病院の金儲けのためには検査はいい方法である。

昔、人間の病院でも〝検査漬け〟という言葉が流行り、問題になったことがある。

検査というのは必要な時に必要なことだけをすれば済むものである。検査には時に多額の検査料が必要となる。過重な検査をされる動物の肉体的、精神的負担を、飼主として心していただきたいものだ。検査をしてもしなくても、治ればいいのである。

動物病院も経営だから、収入に合う支出にしないと無理が飼主の負担にかかってくる。

動物飼育で得られることの第一は「和み」であろう。小さな子供であれば、自分がしてあげなければならない役割を感じることは精神発達のうえでいいことである。飲み水を与えるだけでもいいだろう。とくに仔犬は子供にとっては弟妹のような存在だ。

高齢者は動物飼育で生活にリズムが生まれる。老夫婦だけで子供がいなくても、犬がいれば家庭が賑やかになる。

健康に良く、病気の罹患率も少なくなる。犬の飼育は一番の効用であろう。

◉……大疑問!? 動物医療の高額治療費

日本も〝文華国家〟になったものだ。犬・猫にとっての話である。

食事の足りない子、金が無くて学問ができない子、仕事が忙しく親子で過ごす時間が少ない子……これまで必死な時代を生きてきた。ところが今や、犬・猫の治療費に僅かの処置で五〇〜七〇万円を払える（払わされている）〝文華的〟な時代になっているのだ。

すごいですねー！　動物の生命の価値が昔より上がったのか？　人間の心の居場所がズレてきたのか？　動物保護の心の豊かさか？……それに乗ずる動物病院の経営のためか？

それでは、その辺のところを覗いて見ることにしよう。


メス犬には子宮蓄膿症という病気がある。卵巣が原因だが珍しい病気ではない。人間の盲腸炎のような子宮の炎症で、膿が溜まり外科手術が必要である。しなければ死亡する。治療費は五〇〜六〇万円請求される。サラリーマンの給料の一ヵ月分以上の値段である。

これが高いか安いか、考え方はそれぞれである。しかし、本音は一〇万円以下が常識的に納得する額だろう。

他の例ではどうだろう。

昔は交通事故の骨折が散見された。治療としては髄内ピンで治せた。小型の室内犬が多くなった現在では、飛び下りたり、落ちたりしての骨折が多くなっている。ほとんどギプスで治るケースである。

だが実情は、高度医療と称して、プレートをネジで留める。その結果、骨をいじり過ぎて余計な負担で治療がうまくいかない例も見受けられる。

高度医療と称するだけで、治療は高額になる。上記の治療で六〇万円ほどを請求される例をたくさん見ている。ギプスであれば数万円で済むところを。

本当にそのような治療方法でないと治らないと信じているのか、単に利潤を上げるためにしているのか、獣医師の真意は分からない。

今日、当医院にみえた人の相談である。

「隣の人から、眼球の摘出手術を受けた犬のことで相談を受けました。飼主の方は高齢夫婦です。手術の理由は、がんなど生命にかかわる原因であるとは聞かされていない。その治療費は八〇万円でした」

相談の内容というのは、獣医に言われるまま手術をし、その後も治療に通っていたが、残った片方の眼も失明しているので摘出手術をしましょう、と言われているというのだ。

「また、八〇万円の手術ですか。その犬のために積極的な手術をする必要性は分かりませんが、私は、賛成できませんね」と答えた。

本当のところは、その犬を診せてもらったほうがいいのですが、とも話した。

その老人夫婦は、若い時よりも客観的な理解力が衰えているのではないかと思える。愛犬は可愛い、それ以外にとくに心配事もない、お金にもそれほど困っていない……霊感商法ではないが、その心の隙間に入り込んで治療を勧められる。優しくされるとつい、その気になってしまう。

右の例で言えば、手術の必要性の有無はさておき、手術の治療費としては一〇万円以下というのが納得できる額であろう。

愛犬に金を使うことに生き甲斐を感じてしまう高齢者は、動物病院で〝ネギ鴨〟になりやすい。だからこそ、獣医師は倫理が必要なのである。

動物病院の先行き、それも遠いことではなく五年、一〇年後の病院経営を考えると暗然とする。昨今、ペットブームだというが、反面、犬・猫を飼う人たちは減り続けている。一方、世情の喧伝に押されて動物病院は増えている。何か矛盾を感じる情況ではあるが、これらが高度医療・高額治療費の問題を惹起していると考えられなくもない。

人間の医療でも〝検査漬け〟が問題になったことがある。病気になって治療するのでは間に合わないというわけだ。

レストランで注文しないものが出てくれば断る。だが、医療で検査をすると言われれば断るのは難しい。検査をしなければ病気が分からないと言われれば、お願いするしかない。病院に行くたびに検査が繰り返される……検査機器のリース代のためか、減価償却を早めるためか。そのようなことのないことを折りたい。

高度医療・高額治療費の問題は、動物の生命の価値が上がったのではなく、病院経営の負担を飼主が強いられていると考えなければならない。

いろいろな検査をしてくれる病院を勉強熱心だと思う飼主もいるのは事実である。客の単価を上げるために余計な検査をしている時もなきにしもあらず――ということもあるという話。

真面目に仕事をしている獣医も多いので安心してほしい。それにしても、ひどいのが目につくので、つい私の良心が怒ってしまう。

私の古いお付き合いの、愛猫家Kさんが、遠くへ引っ越された。その地での話だ。一五歳の猫が痙攣（けいれん）がひどいので病院に行った。そこで、脱水していると言われた。いろいろ検査され、治療費として三五万円支払ったが、納得がいかず、話だけでも聞いて欲しいという電話であった。

猫の死因はほとんど腎不全と脱水である。痙攣は治せない腎不全が多い。本件も当該医者が研究のために検査をしたというのであれば、それも飼主に説明をしてのことなら納得できたかもしれない。しかし、その場合でも、研究のためであれば医師の問題であり、献体としての動物に負担の責はないだろう。

一五歳の猫にこの検査は役だったのだろうか――。検査器具の借金返済のために検査をされたのでなければ幸いなのだが……。

獣医師は動物の死について、獣医師自身ではなく、動物の身になって考えたいものである。獣医師は動物の弁護士になってこその医務であろう。

◉……疑惑の診療料金明細書

ここに、ある大学の診療料金明細書がある。料金総額は四三万円だ。

何故、ここにあるか。ある人が私の前著『動物病院を訪れた小さな命が教えてくれたこと』を読んで感ずるところがあり、届けてくれたのである。

この患犬は膵臓部分切除を受けた。治療は手術しかないと医者には言われた。

人の場合、膵臓の手術はがんの場合が多い。しかし、膵臓がんは発見された時は難しい時期になっていることが多い。

私の知人の、医科大学の総長で世界的な先生が膵臓がんで亡くなった。自身が名医であるのに症状に気づかず、発見が遅れた。

膵臓がんというものはそういうものである。予後も悪い。

この犬の膵臓部分切除の理由は膵臓がんであった。手術をする以外の他の治療は考えられなかったのか。どのように終末を迎えるのがいいのか、考える時である。

「入院九日間、退院した翌日に死んでしまった」という飼主の言葉に、いくつも疑問が湧いてくる。

本当に手術の必要があったのか？　愛犬のためになった手術だったのか？　今すぐに死んでしまいそうな症状はなかったのではないか？　四三万円を請求するような手術だったのか？　愛犬の命の尊厳が失われたのではないか？

このようなことは特殊な例なのだろうか。

これで思い出した一〇年前の話をしよう。

六ヵ月のラブラドール犬だった。とくに症状があったのではなく、相談に来られたのだった。

同じ大学の動物物病院で、「股関節の手術をしなければ一生びっこが続く。費用は三〇万円ぐらいかかる。両方した方がいいかもしれない」と言われたが、手術を受けた方がよいだろうか、という相談だった。

「総合的に考えて手術をしなくても大丈夫でしょう」

と、私は答えた。

それから一〇年が経過した。「手術をしなくてもいいでしょう」と言ったことなど、私は忘れていた。その方は定期的に来院していたが、先日、こんなことをおっしゃった。

「一〇年前、先生に言われて手術をしませんでしたが、元気に走っていますよ。手術をしていれば、手術のお蔭だと思ってしまっていたでしょう。手術をしなくてよかったです」

医者は診断し、予見する能力が必要である。内科的病気であれ、外科的病気であれ、予後についての見通し、説明を的確に伝えなければならない。

延命についても最善の努力をし、死期についても早くに察知できなければならない。

犬には子宮蓄膿症という病気がある。通常は手術で治る病気だが、外科手術をせずに内科的治療をしたり、飼主の不注意で診察が遅れたりすると必ず死亡する。

そのような重篤な状態の犬が来院することがある。

すでに不可逆的な腎不全になっている。このような時には、私は手術をしないことにしている。手術をしても必ず死ぬからである。安楽死を勧めることもある。

「いそべ動物病院で子宮蓄膿症の手術をしたが、死んでしまった」と言われ、私の病院の汚点になるだけである。

その後、他の病院で手術を受けて死んでしまったと報告を受けることがある。「安楽死させてやればよかった」という後悔の念がにじんでいる。

死ななくて済んだはずなのに、適切な治療や手術を受けず死んだら可哀相だ。また、助からないのに、手術を受けたのも可哀相である。

人間は犬に、無駄な死も手術も為してはならない。

◉……ノーベル賞をもらった話

年をとると耳が遠くなる。加齢に伴う老人性の難聴である。都合の悪いことは聞こえず、良いことは聞こえるという人もいる。

その原因としては、伝音性の障害や、内耳の病変によって感覚細胞や神経が阻害される感音性の障害が挙げられる。ストレプトマイシン中毒や老人性のものがこれである。あとは難問題の中枢性の難聴で、老人性難聴もこれが原因となることがある。

困っている患者のもとへ医師が出向くのが「臨床」の本来の姿だろう。

高齢者は、よく動物、とくに猫を飼っているため、私もこの組み合わせのお宅に往診することがある。

Kおばあちゃんからの電話が鳴った。なにしろ耳が遠いので、要領を得ない。どうやら、猫の具合が悪いらしい。往診することにした。

当の本人に聞こえる前に、五、六軒先の住人が顔を出すくらいの大声で来たことを告げなくてはならない。座敷へ上がると、そこに猫がいた。町を闊歩するだけでほかの猫がいなくなるような、顎の張ったすごい猫だ。

「猫の具合はどうですか」と尋ねたが、笑顔で挨拶するだけ。

もう一度、大きな声で聞いてみた。あまり大きな声を出すものだから、猫が逃げてしまいそうだ。

「おばあちゃん、この聴診器を耳に当ててくださいよ」と、聴診器を広げて顔の前に突き出した。おばあちゃんは怪訝(けげん)な顔をしたが、そのまま耳に差し込んだ。

聴診器のラッパのような形をしたところに口を当て、「私の声がよく聞こえるでしょう」と聞くと、大きな笑い声で「おお、聞こえる」と答えた。

聴診器のお陰で、猫の症状や、これからどうするかという会話もうまくいった。

「私は先生にノーベル賞をあげたいよ」

「うれしいね。そうまで言われたんじゃあ、この聴診器をあげないわけにはいかない、家の人と話をするのに使ってくださいよ」

聴診器の作りは簡単な構造だが優れものである。高価な心電計と同じ活躍をする。

聴診器はヨーロッパで樽の中のブドウ酒の残量を調べるために作られたのが始まりであ

る。

医学史では一八一九年、R・ラエネックが子供の遊びから木の筒による聴診器を思いつき、肺疾患と心臓病の診断学を発表したともある。

昔の形は漏斗型で、偉い教授のそれは象牙製であった。それを持っているだけでも偉そうだった。

私がおばあちゃんにあげたのは安物のプラスチック製だった。

またある日、別のおばあちゃんの猫を診た。猫の話はどうでもいいのだが、このおばあちゃんは眼瞼下垂で、まぶたが下がるので前がよく見えないという。「こんなこと、獣医さんに話してもネー」と半ば諦めの顔で話された。

私は小型犬の仔犬の逆さ睫毛を二重まぶたの手術で何回も治した経験があったので、当時テレビで放映されていた『そっくり大賞』(顔や形をアイデアで似させて競う番組)を思い出して、おばあちゃんにセロハンテープを持ってきてもらい、テープを細く切りまぶたに貼ってやった。たちまち二重まぶたになり目元ぱっちりになって「よう見えるヨー」と大喜びされた。

そのおばあちゃんは、「先生にノーベル賞をあげたいよ」とは言ってくれなかった。

犬の病気あれこれ

◉……がんの告知と治療——犬と人では？

動物の生命はひとつ、動物も人間も同じ病気になる。だから獣医学と医学は学際的である。がんでも同じである。生命の終り方の型だ。老衰（生命が燃え尽きた）は死因の五番目ぐらいである。つまり、たいがいは病気で死ぬ。

死亡率がなんと六〇％になるがんもある。

がんの告知についてどうすべきか論議されたことがある。医者は患者に対して医療以外の事についての心理学的対処法に自信がないからである。

がんの告知は患者に大変なショックを与える。同様に、高齢犬のがんを伝えられた飼主も大変である。

がんとは何か——。

細胞はＤＮＡの司令で同じ細胞を作る。通常の細胞のＤＮＡにはアポトーシス（自死）システムがある。細胞が古びてくると周りの細胞の役に立って死んでいく。

細胞の突然変異でアポトーシスの司令が伝わらず生き続ける――それが、がんである。七〇〇〇万年前、ティラノサウルスもがんで死んだ。がんは新しい病気ではなく、古くからの死に方のひとつであった。

医学が発達して研究が進み、がんの原因は環境、薬物、添加物、食物であると騒がれている。

たしか日本人が始めてウサギの耳にタールを塗ってがんを発生させた。物質によるがん発生の発見であった。

米国国立衛生研究所は五四種類の発がん物質を発表した。最近、日本でも豊洲市場で検出されたベンゼンや、アスベスト、六価クロム、ホルムアルデヒドなどのことである。

すべての動物ががんになるが、犬のがんは種類も進行の仕方も人間にそっくりである。人と動物のあらゆる共通点を考えると、医学は獣医学に関心を持つべきであると思う。人医はヒトという動物だけを診ている獣医ではないか。

汎動物学(ズービキティ)という言葉が米国で生まれた。心臓病学者のバーバラ・N・ホロウィッツ博士が唱えている。

さて、がん告知の話だが、口腔にがんのある犬の飼主がいた。

ジャックラッセル種のメス一五歳の口腔に拇指頭大の肉芽腫ができている。咀嚼にも邪魔になってくる。

治療をどうするか、飼主と相談しなければならない。

一つ、年齢なので何もせずに様子を見ながら、食欲があればそのままにしておく。ひどくなったら安楽死させる。

二つ目、切除手術をする。しかし、再発は覚悟しなければならない。

犬の気持ちは分からない。どこまで犬に我慢させせるか、飼主はいつまで生かしておきたいか。

長く生きて側にいて欲しいと思う飼主の気持ちと、苦しむ犬の時間――。

私は犬の気持ちになって、どうすることが犬にとって幸せかを考える。獣医師は飼主の時間でなく犬の時間で考えるべきで、まして病院経営のことなどを考えてはならない。

飼主の対応もいろいろである。

そのままにして悪くなったら安楽死させるか、一度だけ手術をするか、飼主に考えてもらう。そこで私は、「私の愛犬ならこうする」と、自分の考えを話す。

犬の生命の尊厳を熟慮することが獣医師の使命である。獣医師は犬の気持ちの分かる人間でありたい。

犬のお腹が大きくなってきたと犬を連れてきた。触診してみると大きな塊(かたまり)がある。触った感じでは臓器ではない。

日常生活は元気で消化器症状もない。ルーチン検査でもとくに異常はなかった。

さて、どうするか飼主との相談である。飼主がどのようにしてもらいたいのか、私の説明を聞いて決めてもらわなければならない。

私の説明は、その塊が他の臓器とどのようになっているか、である。癒着しているのか、剥がすことができるのか。

結局、開腹してみないと分からない。内科医師と話したことがあるが、「外科医が『開けてみたらこうなっていました』で話は終りになります」と言っていた。

このケースもそうで、手術をすることになった。

飼主に考えてもらうことは、取り出せない時にどうするか、である。そのまま縫合して生かしておくか、あるいは麻酔薬を追加して生命を絶つか——。

取り出せない時には生命を絶つことで飼主は了承した。

大きな塊は大網膜に包まれたもので、腸の血管の通っている腸間膜が広い面積で癒着していた。腸間膜は腸に栄養を与え、吸収した栄養を運ぶ血管であるが、紙のように薄い。血管に障害を与えずに剥離するためには慎重にする必要がある。

この患犬は私に懐いている可愛いメスのコーギーであった。手術に成功すれば、あと五年以上は生きられる。

飼主が私の考えと同じだったので安堵した。元気にしてあげたいと力が湧いてきた。私に任してくれた飼主の選択に感謝した。

困難な手術であったが三時間をかけて血管を剥離して手術は成功した。ただただ、可愛い犬を助けたいという一念の時間の経過だったと思う。

私の信念を飼主が分かってくれ、私の考えと飼主の考えが同じになる。その時、私は仕事に大きな喜びを感じる。

私の技術が世の中に役に立ったと思うからである。

さて、私ががんになった時にどうしてもらいたいか、私の考えを述べよう。

がんの告知は最初に誰に伝えるべきか――。

私は最初に本人に伝えるべきだと思う。私が最初に聞き、私が家族に私の考えを伝えたい。これからがんにどう立ち向かうのか、どうすべきかは本人が悩むことである。先に家族に告知され、家族が本人にどう伝えるか悩ませるのは道理に合わない。

伝える患者の性格、患者の受け止め方がどうであるか、医師は洞察する必要がある。本書の中にも書いたが、相手の性格に合わせ、臨機応変に対応する能力が臨床医には要求される。

私の考えは、がんの告知は本人にするべきである。隠すことは本人のためにならない。

◉……初めてのフィラリア虫の手術

犬には心臓、肺動脈の中に寄生する虫がいる。犬糸状虫（フィラリア）である。素麺状で長さが二〇～二五cmある。

宿主である犬が死んだら自分も死ぬことになるので、自分の寿命のあるうちは犬を死なせない。虫の寿命は六年である。

この虫を殺す薬はあるが、たくさんいる虫が死んだら肛門から出るわけにはいかない。死体は血液に流されて肺の血管に栓塞し、犬は喀血して死ぬ。

来院してくる犬の八〇％はフィラリア感染犬である。夏に感染し、春にフィラリア虫が心臓に寄生し、砒素に感受性ができた時に前年の虫を殺虫する。予防注射と称していたが感染予防ではなかった。

死滅した虫は肺動脈に流れていき栓塞するわけだから、砒素で殺しても大丈夫な寄生数なのか診断するのが「診断力」である。

肺に栓塞する数であれば外科的に手術して取り出すことになる。殺虫剤で虫を殺すよりも外科手術の方が安全である。

お父さんと子供が痩せた中型犬を連れてきた。フィラリア虫がたくさん寄生していて、外科的な対症療法しかない。余命は一年はないと思った。

お父さんは、苦しくなる前に安楽死をしてあげた方がいいという意見であった。子供は悲しそうな顔をして、じっと堪えていた。自分の子供の頃の愛犬との別れの時のことを思い出した（ムクが野犬狩りに捕まり殺されそうになり、だが、助かった）。

元気にしてこの犬を子供に返してあげたい。

「どうでしょう、この犬の命を私に預けてくれませんか。助ける方法を試みたいのです。治療費のことは心配しなくて結構です」

「役に立つのならそうしてみてください」

お父さんの了承が得られた。

心臓から直接、虫を取り出す方法がある。虫の死体が肺に流れていかないので多数寄生していても肺栓塞にならないから安全である。

手術を簡単に説明すると、まず気管チューブを挿入し人工呼吸で麻酔をする。第四、五肋間を切開し、肺をガーゼで押さえて心臓を直視して心臓に二本の糸で結び、小さな穴を開けて専用の鉗子を心臓に入れ虫を摘み取る。取った虫を膿盆に入れると虫は這い出るほどの元気がある。

この時は六〇匹も取れた。

鉗子を入れ、虫が取れたらまだいるか、まだいるかと何度も繰り返し入れるのは技術が未熟である。術前に何匹くらいいると予想診断をして虫の数を確認することが必要である。六〇匹という数では当然、内科的治療では無理で、虫体の死骸が肺に詰まり犬は死ぬはずである。

術後、お腹を切った犬は歩くのに平気であるが、肋間を切った犬は歩くのが痛そうである。一週間もしたら元気に走り退院させた。子供も犬も大喜びで安堵した。

実はこれが初めてのフィラリア虫の手術だった。無料でした理由は自分の経験のためだった。手術が成功して、これから多数寄生の犬には日常臨床でも応用できるという自信がついた。当時（一九六二年）、日本獣医畜産大学の黒川和雄先生にこの手術を見せてもらったお陰である。

私が心臓手術をさせてもらった、感謝すべき第一号の犬だった。

◉……帝王切開の「帝王」とは？

帝王切開とは随分といかめしい呼称である。

何故、このような日本語になったのか――。

南蛮から渡来した画期的な威力を発揮する鉄砲のある文明に畏怖の念を抱き、それを真似ることに腐心した結果ではないだろうか。

鉄砲を求める日本人に彼らはキリスト教の布教と交易を求め、知識を与え、恐ろしい梅毒までも伝えてきた。と同時その治療薬であるスウィーテン水、つまり昇汞（しょうこう）を含む水銀水療法を含め蘭方医学も通詞（通訳）を通して伝えられた。

当時通詞は言葉を訳すだけでなく、いろいろな知識や技術を学び、その中で通詞自身が医術を習得する者もいた。

明治になると、医学を学ぶために多くの医師や医学生がドイツに留学したため、ドイツ医学が導入され医師が患者の病状を記録するカード即ち「カルテ」にドイツ語が用いられた。

帝王切開とはドイツ語で「カイゼル・シュニト」と呼ばれていた。その直訳で、かの有名なユリユス・カエサル（ジュリアス・シーザー）が自然分娩でなく、腹壁切開で生まれたという話からきているといわれている。

もちろん、真偽は霧の中である。「カエスラ」というラテン語の「切る」という言葉から生まれたという説もあり、開腹分娩法と呼ぶべきだという専門家もいる。しかし、依然として外国語でも帝王切開と呼ばれている。

当時、医学用語の訳語はわざと難しく、素人に分かり難い言葉を使った節ある。

例えば、「裏急後重（りきゅうこうじゅう）」という言葉は、易しく言えば、便が出ないのに便意があることで、だれでも知っている「しぶり腹」のことである。

藪井竹庵（やぶいちくあん）先生が患者の症状を聞いて、「そちは裏急後重であるな」と言って患者を煙に巻き、いろいろ知っている偉い先生だと思わせたのだろう。落語に出てくる「転失気（てんしき）」（おなら）もその類であろう。

私が研究所に勤務していた時、獣医学用語で「皮毛粗剛」という言葉を何と英訳したらいいのかと医学者から尋ねられたことがあった。英語では簡単な日常的な言葉である「ラフコート」と言う。つまり「体の毛が立っている」という言い回しである。

何かと難しい表現を使うものである。

帝王切開や鉗子分娩は困難な分娩で、この反対は安産で、犬は安産だということで、妊婦は「戌(いぬ)」の日に腹帯を巻くのが昔からのしきたりとなっている。犬のように安産でありたいと勝手に思ったのだろうが、「安産のお守り」である犬でも母犬と胎児の生命を助けるために帝王切開になることがある。

犬がお産する時は無防備になるので出産は夜間が多い。朝になったら仔犬が生まれていた……そのようなことから「犬は安産」なんだと勝手に思ってしまう。現場を見ないからそう思っているのである。

母犬には何回も陣痛が起こり、やっとのことで分娩する。羊膜を破り羊水の中にいる胎児は臍帯からの血液の供給がなくなるとすぐに肺呼吸を始める。

羊水の中にいたら溺死してしまう。羊膜を破らなければ窒息死してしまうから母犬は急いで羊膜を破り、胎盤を食べ、仔犬の呼吸を確保し、体を舐めて乾かし哺乳しなくてはならない。それも一匹でなく五、六匹も生む。

その必死な母犬と仔犬の姿を子供たちに見せるといい。愛犬の死も見せたらいい。生命について考える良い機会になるはずである。全員(全匹)が無事に生まれた時には家中に歓声がわき起こり、よい経験になるだろう。

だが、今は一般家庭での犬のお産は皆無に等しい。「産むための犬」か「愛玩犬」として飼育されるかの二極化が進んでいる。

犬は人間との関係が長いだけ種類も多い。お産する犬の体重は二kgから五〇kgである。人間に換算すれば四〇kgから一〇〇〇kgになる。

なかでもお産の難しい犬種はチワワである。この小さな体にされたチワワ犬の胎児は、その分小さくはなっていない。だからお産が難しいのである。


私はお産が得意であった。

チワワはお産の難しい犬種なので、この犬を繁殖している人がたびたび来るようになった。三五〇匹も飼育していた。仔犬を一匹何十万円で売っていた。

帝王切開をして親が死んだり、その後妊娠しなくなったりして仔犬が生まれないと、いままでの獣医に不満を持っていた。

犬のお産の経験が豊富であるから、この人の連れてくる産気づいた犬は全て難産である。胎児が死んでから帝王切開したのでは遅すぎる。仔犬を売ることができなくなる。この人は生命とお金のことで真剣であった。

そんな訳でチワワに多い症例をたくさん診る機会があった。その中の低血糖症の話をしよう。一九七二年頃には犬の低血糖症についての認識はあまりなかったと思う。糖尿病については治療されていた。

チワワの仔犬が意識朦朧、失神、痙攣などで死ぬものもいた。脳炎などと誤診されていた。私は低血糖症であると気付き、ブドウ糖を静脈注射するとけろっと何ごともなかったように元気になった。まだ、話題になっておらず、正しい治療をすれば劇的に治るので原因等について調べて学会に発表した。

スライドなどで劇的に治る姿を見せた。

原因については仲間犬とのストレス、空腹、呼吸病、胃腸症などによる食欲不振のほか、肝グリコーゲンの不足や、脳重量と肝臓重量とを比べて肝臓重量が少ないと低血糖症になるのである。

原疾患の治療と低血糖にならない糖分の補給とステロイドの投与を行う。一週間から何週間も症状が続く場合は、この治療が必要である。

この病気が話題になり、いくつかの研究会から講師に招かれた。高血糖（糖尿病）については日本獣医畜産大学の本好茂一先生、低血糖については私だった。獣医学臨床に役立ったと思うと嬉しかった。

今はこの低血糖症も広く認識され、とくにペットショップでは小型犬の仔犬には夜に砂糖水を飲ませたりしている。

◉……思い出に残る学会発表

学会に出席するのは知識の吸収のためばかりではない。学会に出るために地方へ行く楽しみは、学会の後の、友人たちと土地の美味しいものを食べることにある。学会出席の目的が、ただの、見る、飲む、食べるだけの旅の喜びの時もあった。

病院を休む時も、旅行で遊びに行くのではなく「学会に行ってきます」と言えば聞こえがいいだろう。外科学会、内科学会、臨床獣医学会など、いろいろな学会がある。

学会に出席して演者に質問したり、関連した私の考えを話すのも楽しいものだ。いろいろな発表を聞くと仕事に対する情熱が湧いてくる。仕事に対して問題意識を持ち、何か他に良い方法はないかと考える。

四〇代の頃は毎年、学会で発表するのが仕事の励みだった。当時、話題になった私の発表を紹介したいと思う。

昔は犬を連れて旅行に行くことは今より少なかった。犬は庭に繋がれた番犬であった。

今は大きな犬でも室内犬である。

冬休み、お正月、夏休みは犬を預ける人が多く、親しい顧客の依頼を断るのは難しい。三〇匹くらい預かっていることも多く、食事、運動中の部屋の掃除と、作業は大変だった。臆病な犬はとくに大変だった。

懐こい犬を数日預かって送り返したことがあった。その日の夕方、その犬は突然死んだ。あんなに元気にしていたのに、死因は何だったのか。直前まで私の病院にいたので、飼主に何か病院に責任があると思われはしないかと心配した。

何故、死んだのか理由は分からない。犬の突然死は、この経験で発見することができた。当時、犬の死因は心臓糸状虫（フィラリア）症と伝染病のジステンパーがほとんどであった。フィラリア症の予防薬は毎日投与しなければならず、少し煩雑であった。今は一ヵ月に一度、予防薬（イベルメクチン）を投与することで完全に予防できる。

以前は心臓の中に寄生した虫を殺す薬を静脈注射した。この薬は少しでも静脈から漏れると前肢は丸太のように腫れる。腫らさないように静脈注射は慎重にしなければならない。

その治療のために犬をケージに入れて病院に移送中に、病院に着く直前、急に倒れて姿が見えなくなった。すぐに人工呼吸、酸素吸入など手を尽くしたが死んでしまった。即死状態であった。

この犬の以前に、何か元気がないとセパードの診察の依頼を受けた。診察すると胸部、心底部が変に感じ、X線写真を撮ることにした。心底部のあたりにがんでもあるかと思っていたが確かなことは分からなかった。

このセパードは二日後に死んだ。

飼主と親しくしていたので解剖させてもらった。解剖してみると胸腔には血液がたくさん溜まっていた。心底部から肋間筋が破れ、そこから出血していた。

経験したこともない状態だった。アメリカの学術書などを調べたが見当たらない。大学の先生にも尋ねたが経験がないと言う。

症例を集めようと思っている時にこの犬が倒れたのだ。犬がこの病気だと思い、解剖をしたらセパードと同じだった。

犬が突然に死んだと報告を受けて、解剖をせずに死因が分からなかったものもいるが、この病気があったのだと思う。

学会に発表しようと症例を集めることにした。阿佐ヶ谷で飼われているアフガンハウンドの飼主から電話がきた。

「犬が食事中にウーンと唸って倒れた」

直感で、「犬はすぐ死にます」と話した。

その通りになった。解剖をさせて貰いたいとお願いした。

胸腔に注射針を刺すと血液が吸えた。間違いないと思った。学会発表のために写真の用意をし、解剖した。胸腔は血だらけで、食道の中にはフードが連なっていた。本当に突然死の状態である。

飼主が剥製にしたいからお願いしたいと言う。私は反対した。可愛かった姿、美しかった姿は心の中にしまっておいたほうがいい。私にも懐いて美しい犬であった。

剥製にして毎日見るよりは心の中で思い出として生きている方がいいに決まっている。懸命に説得して諦めさせた。剥製などにして残さなかったのは結論として正しいと私は思う。

臨床医はいろいろな相談の相手もしなければならない。

林の中を散歩中に倒れたシェルティーを連れてタクシーで来た高校生の女子がいた。犬はやはりこの病気だった。また症例の一つになった。後にこの人は獣医師になり私の助手になった。

おばあちゃんが手術で入院するのでマルチーズを預かって欲しいと頼まれた。

私は午後の往診に行く時に、いつも入院室を一巡するのが習わしであった。五番室にいたマルチーズも尾を振って元気であった。しかし、帰って来たらマルチーズは死んでいた。何時何分頃に死んだとカルテに記入して、遺体を冷蔵庫に保管した。

後日、飼主が迎えにきた。

こういうようになっていましたと、犬が死んだ状況を話した。飼主に怒られると思っていたら、その時間はおばあちゃんの手術をしている時だったという。愛犬が身代わりになってくれたんだと言われ、ほっとした。

この病気のことを研究しているから協力してもらえないかと話したら、「解剖してもいいです」と快諾してくれた。また、一匹症例が増えた。

何故、この病気を獣医学会で発表して獣医師に知らせようと考えたのか。それは預かり犬、入院犬の死亡の原因に、獣医師の責任ではないこのような死亡原因もあることを啓蒙する必要があると思ったからである。

犬の突然死の症例が十数例集まったので学会に「犬の突然死について」という題で発表した。ほとんど知られていない病気だったので質問をたくさん受けた。何故、血管が破裂するかについては大学教授などと話し合いをしたが、その原因については不明であった。

後にドイツとデンマークの獣医学生が我が家に夏休みの一ヵ月間ホームステイをしていた。その時、料理好きの私がおつまみを作るのを見ていて、デンマークの旦那のようだと言われた。ドイツ人の旦那はあまりしないと言っていた。毎晩、ビールで宴会をしている時だった。私は調理師の免許を取るくらい美味いものが好きで、呑べえ三人は気が合った。日本のビールは美味しいと言っていた。

ドイツのハイデルベルクの獣医大学はヨーロッパで一番古い大学である。学生たちに学会で発表をしたスライドを渡し、病理学研究室に症例の経験があるか聞いて欲しいと依頼した。もし、この病気で研究発表をする時には私の名前を出してくれと頼んでおいた。後日、このような症例は診たことがないと返事がきた。

昔の猫は自由で楽しそうであった。

前著『動物病院を訪れた小さな命が教えてくれたこと』の中に「猫度」という言葉を考えて書いておいた。

つまり猫がゆったり道路を歩き、人を見ても逃げもせず人間と猫の間に隙間がある——。これが「猫度」が高い状態である。「猫度」が高いということは穏やかな人間が多い証明で、住みやすい社会である。

猫は自由に外で遊び、子供もたくさん生まれ、仔猫の貰い手を探すのも大変であった。外遊びの楽しい反面、事故や喧嘩や伝染病の感染も多かった。

猫にはカゼのような感染症がいくつかある。結膜炎、鼻炎、肺炎があり、拗(こじ)らせると膿胸という病気になる。肺の外側の胸膜が化膿し胸腔、つまり肺と胸壁の間に膿が溜まる病気である。

当然、肺は膨らむことができず呼吸困難になり、菌の毒素で体は弱り、死んでしまう。

この病気には胸腔の膿を吸引し中を洗う治療が必要である。私はそれを容易にする器具を考案した。特別なカテーテルとそれ用の穿刺(せんし)器である。カテーテルを挿入して膿を吸引し、イソジンを加えたリンゲル液で胸腔を洗うのである。

膿の成分がある間はイソジン液の茶色の色は出ない。イソジン液の色が出てくれば炎症は治ってきた証拠である。

この器具の特許証を提示しておいたら、膿胸専門医で講演会などの講師にもなる人が来院した。

当然、膿胸のことが話題になった。イソジンの話になり、治療の目安はイソジンの色だと意見が一致し、思いつきが同じだったと談笑した。

この器具の発明について学会に発表し、特許も取得した。仲良くしていた日本で一番古い獣医関係のメーカー、フジヒラ工業が製作し、販売してもらった。使用法については絵で説明してあるが、購入した獣医から問い合わせがあったこともある。日本動物病院協会が招聘した猫の専門医に、この器具と説明書を差し上げたことを思い出した。

一九七〇年、皆が経験していない右大動脈弓遺残症の手術をして学会に発表した。遺伝に関係した心臓病で、少なくなっているので経験した人は多くないと思う。遺残した動脈弓が食道を圧迫しているので、その部位で食道が細くなっている。動脈弓を切ればいいのだが、細くなった食道を太くしなければ、手術が完成したわけではないので食道を拡張する必要がある。

学会のついでの話であるが、日本動物病院協会の設立の役員であった頃の話である。著名なアメリカの専門家を迎えて勉強会を年に二回ほどしていた。

世界的に有名な神経学の先生を招いた。いつも夫婦同伴である。講演の後、講師を交えて宴会をするのが常で銀座で会を催した。

後にハワイの学会でその先生に会い、食事をすることになった。その時、先生の奥さんの隣が私の席だった。話題も他愛ない会話であったが、「東京でお会いしましたね」と話した。するど「私は東京に行ったことがない」と言う。さて、すると東京で会ったのは奥さんでなく愛人だったのか。その時の女性の顔など覚えていない。

話が弱ったことになりそうになった。すかさず英語の達者なK先生が助け舟を出してくれた。ドクター・イソベは英語が下手だから誤解しないようにと誤魔化してくれた。

学会の宴会の後、私のせいで学者夫婦が大喧嘩にでもなったら大変なことだった。それとも、ハワイの女性の方が愛人だったのか。

いずれにせよ「口は災いの元」である。

◉……盲導犬・マレーネの手術

犬好きのNさんから電話が掛かってきた。

今まで随分とNさんのセパードを診てきたが、今度ばかりはNさんの犬のことではなかった。

友人のセパードのお腹が急に大きくなり、水が溜まっているようだし、元気も食欲もないので、面倒をみてほしいとのことであった。

よくあるケースで、多分、心臓に細長い虫が寄生するフィラリア症の末期症状だろうと想像した。

翌日、Nさんと飼主、そしてちょうど高校受験前の娘さんと三人でセパードを連れてやってきた。

飼主は声楽家で、光を失った人だった。

盲導犬として一〇年間、飼主の眼となり足となり、コンサートの舞台へ上り、忠実に自分の使命を果たしてきた。今は仔供（娘犬）に盲導犬の任務を任せている引退の身であった。

その名は『マレーネ』、やさしい目付きをした犬で歳は一〇歳であった。

私はカルテを作るためにいくつかの型にはまった質問をした。質問の中でフィラリア症の末期であることは否定された。何故なら、定期的に正しく予防薬を投薬していたからである。診察してみると、著しい貧血と腹部に液体が溜まっている。慎重に触診してみると、小児頭大の大きな腫瘍の存在が確認された。腹腔に針を刺し、液体を吸引してみると、血液のような液体が出てきた。

サンプルを染色して顕微鏡で観察してみると、血液の細胞に混じって十数個の異様な細胞の集団が見られ、がん性で悪性のものであることが判明した。

私は飼主と娘さんに、悲しいことだが、私の信条とすることを話さなければならない時がきた。

マレーネを診察してから僅かな時間が経過したにすぎないが、決定的なことを話さなければならない。

「ほとんど食欲もないし一般的状況もすこぶる悪い。気の毒ですが多分このままでは半月が余命でしょう。ここ二、三日の弱り方を見るとそう思いますが、まだ簡単な血液検査しかしていないし、X線写真も撮ってないので、それだけで結論を出したくはありませんが、犬に負担の掛かる検査をしたところで状況が改善されるわけではありません。獣医学的には興味がありますが、私の考え方としては二つしかないのです」

そう言って、話を続けた。

「その一つは、安楽死（麻酔死）をさせることで、もうその時期はきていると思います。今日の今日では諦めも、心の準備もできないでしょう。経過を見ながら、これ以上は可哀相だと考えたら決断して下さい。しかし、けっして時期が遅れてはいけないと思います。

もう一つは、試験的開腹をすることです。いろいろな検査をするよりも、腹腔の塊がどんな状態にあるのか、まず肉眼で見ることです。そこで摘出が可能か不可能か診ることだろうと思います。

ここで私が強く言いたいことは、多数の臓器を侵し、また摘出が不可能だった場合には、麻酔を追加し、蘇生させないことが私の希望することです。そのまま創（きず）を閉じることだけはしたくない、ということです。どちらを選ぶかは飼主さんの考え方です。よく考えてください。

生きるということは動物でも人間でも、命は自分のために生きる部分と、周りのために生きる部分があると思うんです。マレーネも随分と周りのために生きてきたと思います。自分のために死ぬ自由があってもいい気がするんです」

黙って私の話を聞いていた飼主は、こう答えた。

「分かりました。でもこのまま死なせるのは可哀相なので、試験的に開腹をしてください。そして、そのまま閉じるのはやめて、取れるものなら取って……」

手術することが決まり、鎮静剤と吸入麻酔が施された。

私は直視下に腫瘍と内臓の関係をみることができた。腹腔に溜まっている血液ような液体を吸引し、生暖かい体腔の中へ手を挿入し、腫瘍の輪郭を調べた。肝臓を包み込むように胃との間に大きな腫瘍があって左腎とも癒着しているところがあり、肝臓の表面にも花が咲いたような瘤の塊が数個みられた。

私は、手術を続け、慎重に摘出することにした。腫瘍に癒着している大網膜、腸管膜などをやさしく剥がし、血管を結索して、少しずつ体腔の外へ引き出した。

肝臓の表面の花のような塊も、丁寧に剥がすことにより、出血もあまりなく剥離できた。取り出された〝悪魔の塊〟は小児頭大で、重さは五kgほどもあった。

腹部は急に小さく、細身になった。私は腹腔を多量なリンゲル液で洗滌(せんじょう)して、高校受験の娘さんのためにもマレーネが元気になることを祈りながら創を閉じた。

翌日からマレーネは驚くほどの元気さで、食欲も出て我々もひとまず安心した。

飼主家族も久しぶりに元気に走り回る姿に歓声を上げた。このまま順調にいけば、もう少しで退院できると告げた。

そして、待ち遠しかった日が来た。歓喜に満ちて飛び跳ねるマレーネ。久しぶりに心配から解放された家族たちの爽やかなざわめきが診察室に溢れた。

ゴールデンウイークを愛犬と楽しく過ごしたと、感謝の手紙を受け取った。

すごく元気で、病気ではないように過ごしてはいたが、病理検査の結果は悪性腫瘍であった。

一〇ヵ月後、マレーネの最期は、寒い冬の訪れとともにやってきた。

◉……胃捻転という不思議な病気

著名な病院の内臓外科医、N先生の愛犬（秋田犬）トキが私の患犬であった。何かあるごとに診療をしていたが、その先生から連絡があった。

「トキは、夕食は美味しそうに食べたが、夜半に様子がおかしくなった。が、自分も外科医として、夜分に電話をするのを躊躇した」と言うのだ。明日の朝、一番に（私に）診察を受けようと考えたらしい。だが、トキは朝を待たずに死んでしまった。

しかし、N先生は専門家として、トキの死は不思議であった。今まで多くの人間の手術をしているが経験のない病状であった。そこはやはり外科医である。死因を究明するために解剖したというのである。

「びっくりしましたね。人間では診たことのない状態でした。あれほど元気だった犬の胃に突然、ガスが溜まっていたのです。胃は捩れて、胃に付いている脾臓も捩れ、下半身からの静脈血が戻れなくなって、後大静脈と門脈が閉塞して、循環性ショックを起こしていたと思われます」と話された。

さすが専門家の観察眼は鋭い。この病気を獣医学では胃拡張・捻転シンドロームと言う。とくに大型犬に突然発生する病気である。

グレートデン、土佐犬、秋田犬、コリー、セパード、ゴールデンなどで、稀に小型犬のマルチーズ、ダックスなどでも経験したことがある。

この病気は突然、胃が拡張し、捩れて死に至る。胃は時計回りの反対に回転する。何故そうなるのかは分からない。正常な胃は捩っても元の位置にすぐ戻る。胃は肝十二指腸靭帯、肝胃靭帯や大網で固定されている。

胃が捩れると、どうなるのか——拡張した胃によって後大静脈および門脈の血流が止められ、心臓に血液が戻れなくなる。心臓の血液が少なくなるわけだから、心拍出量と動脈血圧が低下する。心臓を養っている冠動脈の血流も少なくなる。すべての臓器への血液の環流減少が発生する。その結果、多数の器官の不全が起こる。そのショックは不可逆的で治療に関わりなく死に至る恐ろしい緊急疾患である。

胃壁も虚血と胃酸によって壊死(えし)する。胃捻転の犬を診たらすぐやることは胃の減圧である。套管針を胃に直接刺す。すると、ものすごい勢いで鼻を突く臭いのガスが噴出する。即座にカテーテルを胃の中に挿入するのだが、捩れがひどければ当然、カテーテルは胃内に入れることはできない大変な状態になっている。

腹部切開を直ちにしなければ死は避けられない。カテーテルが挿入できても胃内溶液がワインのような色であれば、すでに胃壁の壊死がある。死が迫っている。いずれにせよ、この病気は発生したら五〜六時間でお陀仏である。

もちろん、手術をして助かった犬もたくさんいる。胃の固定手術と同時にカテーテルを胃から直接脇腹へ引き出し、固定しておく手術である。胃に圧力がかからないようにするためである。だが、動物はそのカテーテルを気にせずにいることはまずない。

理由(わけ)も言わずに、酷いことをしてくれたと思っているに違いない。一方、意外とすぐに慣れる犬もいれば、いつまでも気にして引き抜こうとする犬もいる。犬の態度もいろいろだ。

この病気になる犬はガツガツ食べる。すなわち、空気を食べる癖がある。胃拡張・胃捻転が始まって時間が経っていなければ、開腹手術をせずに胃の減圧と洗滌で治る犬もいる。当然、再発する犬もいる。

ある時、一四歳のラブラドールの皮膚の手術をした時の事件である。

手術にはまず、一般的な血液検査などをする。犬は手術をする時、鎮静剤を投与し、全身麻酔をしなければならない。

この犬の手術も無事に終わり、夕方、飼主が迎えに来た時には尾を振り喜んで帰って行った。犬は家に居た方がストレスが少なく回復が速いので退院させてあげたわけだ。だが、その日の夜、元気がないと電話があった。麻酔が覚めた時には尾を振り元気な様子だったのに、どうしたのだろうか。心配なので往診することにした。

犬を診察すると、病院にいた時と違ってひどく状態が悪い。私の頭の中に、これは死んでしまいそうだと、いやな予感がした。しばらくすると腹部が膨れてきた。（こりゃ大変だ。胃が拡張してきている。このままでは死んでしまう……）

「説明は後でするから、すぐに犬と一緒に私の車に乗ってください」と、急いで病院に戻った。到着すると、犬を抱きかかえて手術台に乗せたが、立とうともせず、横になったままである。直ちに胃に套管針（とうかんしん）を刺した。

勢いよく噴き出るガスの音に驚いている飼主を横に、カテーテルを胃に挿入し、胃内を洗滌した。消化管内ガス駆除剤を、カテーテルを経由して投与した。点滴などしながら、一晩中注意深く観察した。

この犬の場合は無事に元気を取り戻し、私も胸を撫で下ろしたが、発病が数時間遅れていたら家人は寝てしまって、朝になったら犬は死んでいただろう。

飼主は当然のことながら、手術との関係を疑うはずである。私にとっても危ないところだった。

臨床医は生命の誕生の喜び、生命の終わりの悲しみの時に立ち会う。大往生であっても、避けがたい死であっても、残された人の悲しみを癒すにはただ一緒に哀しむしかない。

この犬の場合も死んでしまったら、あんなに元気だったのに何故突然死んでしまったのかと訝(いぶか)しく思うだろう。手術のミスではなかったか、薬が変だったのかもしれない……飼主の猜疑心を解き、悲しみを癒すことは大変な作業である。

何であれ、死に立ち会った時には憂鬱になってしまう。ただ人を楽しませるだけの仕事が羨ましく思える時もある。


この胃捻転は不思議な病気である。「気象医学」という言葉が当てはまるような気がする。急な低気圧の接近と関係があるのかも知れない。何故そう思うかというと、同時に数頭がこの病気を発病した経験があるからである。同胎犬の時もあった。

チャウチャウ犬を大変な思いをして治療し、ようやく終ったらまた秋田犬が来院してくるというわけである。

ドライフードを与えていなかった時代の方がこの病気は少なかった感じがする。

臨床医は残された人たちに対して、祈りに似た気配りを心がけることを忘れてはならない。

◉……病気というより事件!?

物言わぬ動物の相手をしている獣医は、飼主の稟告(りんこく)よりも視診、触診が大切である。

「うちの犬、いつもと違って少し変なのですが」

「どう変なのですか」

「どう変かと聞かれても、うまく説明できません」

まず、血液検査などにより獣医の目で犬を観察して診る。

「診察台に乗せないで床に放してください」

見ていると歩き方がぎこちない。頭を下げて歩いている。体が自由にならない状態であると見た。血液検査をしたりレントゲン撮影をしたりしても診断には役に立たない。体がどんな状態になっているかは、見れば分かることである。

次は触診である。台の上で診察すると首の筋肉が緊張している。喉の奥を視る必要があるが、犬の場合は難しいこともある。

「麻酔をして、よく視る必要があります」と説明した。

視ると舌の根元から太い糸がU字型に食道から胃の先まで届いているようだった。

麻酔してあるので糸の根元を鉗子ではさみ、慎重に引き出した。慎重な作業が要求されるのは、糸に接触している部分の消化器に穴が開く心配があるからである。

一〇分間で診療は終わった。

太い糸はチャーシューをつくる時に肉に巻いたものだった。いい匂いがするので食べたのだろう。同じ症例は何度も経験した。くれぐれもチャーシューの糸には気をつけましょう。

歩き方が変な犬はほかにもいた。

爪楊枝を食べてしまった犬で、爪楊枝が肛門の近くで横ではなく縦になっていた。踏ん張ると痛いので、糞を出せず可哀相だった。犬は体温計を肛門に入れるので、その時見つかった。

飼主の話は当てにならないという話をもう一つ。

「脇腹が皮膚病です」と飼主が言う犬がいた。確かに皮膚は化膿していた。

皮膚の表面を静かに撫でると、突起している固いものに触れた。それは、ヤキトリの串であった。胃から突き出てきたのだ。

串を取り出さなければ腹膜炎になる。引っ張り出して、腹膜炎にならないように、腹腔に抗生物質を薄めた溶液を注入して終わり。

牛には創傷性心膜炎という病気がある。牛は草と一緒に金属を食べて、第二胃から金属異物が横隔膜炎を発症し心膜に達し、この病気になる。

犬は異物を食べることがある。異物とは食物以外の物で、石、果物の種、木片、お菓子の包装紙、布などいろいろある。胃にあれば手術をせずに吐かせることができる。腸を通過して外に出なければ死ぬ。いままで一〇〇回を超える手術をした。

開業して間もない頃、変な症状の犬がきた。まだ、レントゲン撮影が一般的でない時だった。私はX線技師の養成学校へ聴講生として通っていた。

この犬のレントゲンを撮ると食道の心臓のところに背骨の骨が引っ掛かっていた。そのような大きな物を取り出す器具はない。その時、ふっと思いついたアイディアがあった。細い針金の一本を捩じり、先端を反転させる。それを口から食道に挿入し、異物の先まで入れ、針金のフックで異物を引っ張り出した。

原価わずか五円の針金で大成功だった。その後、食道異物を取り出すのに大変便利な器具となった。

喉、食道異物は呼吸困難で死亡する事件となる。

ある時、学会で食道異物の手術の発表があった。食道の手術は面倒である。この時、追加の発言でこの医療器具でないようなアイディアを紹介した。参加者の皆が喜んで拍手してくれた。いまでもその針金が手術室にある。

もちろん、異物の除去には食道を傷つけないことは重要である。異物を胃の中に押し込むことが医学書では推奨されているが、私は取り出した方がいいと思う。

犬が変なモノ（ゴム製の異物）を食べた話は前著にも書いた。人間と一緒に暮らす動物は思わぬものを食べてしまうから、気をつけよう。

◉……終末医療——超高齢社会のありよう

子供の人口より後期高齢者の人口が多くなった二一世紀の福祉のあり方について研究する時が来た。

医療技術の発展と医療に対する国民の関心のために、発病から看取りまでの期間が昔より長くなった。

動物病院でも同じである。動物は人間の寿命より短いので、当然その機会は多くある。動物を看取る時に自分の人間観、社会観、死生観を考える。自分の終末医療はどうするか。死は遠くにあるものでなく身近にあり、常に考えておくべき大切なことである。長生きしたいが老人にはなりたくない、それは無理である。障害者や末期患者になるかもしれない。

やはりポックリ逝った人は幸福である。終末医療に関係なく、誰もがポックリ逝きたいと願う。ポックリ地蔵にたくさんの人がお参りする訳である。

終末医療への心の準備は動物の生命の流れを観察して感じたい。動物病院はその場所なのである。

ウィリアムさんの老猫（一四歳）が診察にきた。食欲がなく、少し元気がないという。一般的な診察をしてみると腹腔に小鶏卵大の腫瘤（しゅりゅう）があった。

「今の症状はこの塊と関係はありません。一般的な治療でいいでしょう。元気が出ればそのままでいいです」

三日間、治療をしたら元気になった。

この腫瘤が他の臓器、消化器などに影響を与えていることはない。愛猫はこの腫瘤で死ぬことはない、天命で死ぬだろう。

その後、長く元気で生きている。

このような場合には手術はすべきではないと思う。高齢な動物の場合、病巣が死の原因にならなければストレスのかかる手術をするよりもしない方がいいと思う。このような場合に、手術をすべきだと勧める獣医師は、動物の命より手術代が欲しいのだろう。

このような例を私は数多く経験している。確かに、手術をすれば儲かる。しかし、手術をしたい獣医師と手術をしてもらいたい飼主と、私の意見は全く違うということだ。

その時、私が飼主に話す言葉は決まっている。

「私の愛犬なら手術しない」

一九八四年、『獣医畜産新報』の特集「老犬・老猫の疾患を考える」に投稿した。この時に発表した犬・猫の死亡年齢分布は日本で始めてであると思う。その後、一九九一年に全国調査が発表された。

我々が日常の会話の中で話す寿命とは、「生物が生命を保っている時間の長さ」と「物がその機能を保つ時間」を意味している。

老人、老犬、老猫ということは生物としての寿命に近づいたことである。

寿命という言葉の概念には三通りあると、渡辺定博士は記している。

第一は、「種としての寿命」である。

これはもっとも良い素質と環境に恵まれ、その種に望みうる最長の生存期間と、その種のもっとも多くの動物が達しうる年齢に分けられる。「もっとも多くの動物」が死亡する年齢でもある。

第二は、「種の平均寿命」である。生まれたものがあと何年生きられるか、この数字が平均寿命である。

人間の生活に入ってきた唯一の動物である犬、猫たちだが、まだ統計的な平均寿命は分かっていない。

第三は何歳で死のうと「個体の寿命」を指して言う寿命である。

前述の私の論文では犬は一三歳で多くが死ぬ。猫では死のピークはなく、だらだら若い順に死んでいく。

私の病院での記録では犬が二四歳、猫が二四歳が一番、長命であった。

二〇一五年、私は日本獣医師会誌に「終末医療と動物病院の役割」について書いた。

動物の「死にざま」「死に際」はいろいろだ。楽しい死などないが、ほっとする死はある。健康に戻れる日はなく、苦しみが延びている。医療がその手助けをしている。一分でも長く生かせることを使命と考える医師もいる。

幸せな最期を誰もが望むが、かかりつけ医師と看護師の考えに依る。

死に方は、①天命で命が朽ちる。寝たきりで衰弱死、②がん死（死因の一位）、③ポックリ死、しかない（日本人は寝たきりが、平均で男が六年、女が七年間という）。

ほとんどの人はポックリ死を望む。寝たきりで惨めな思いをするよりも、数ヵ月でがんで死んでもいいという人もいる。この意見の人はポックリ死では死ぬ前の整理ができないからだと言う。寝たきりでもいつまでも生きたいと思う人もいるだろう。

死なせてもらえない末期医療（高度医療）をしてもらうかどうか、動物の死に際に考えてもらいたい。

痛みもなく苦しみもなく、自宅の畳の上で死にたいと思う。昔は畳の上で死にたいと言ったのはやくざだった。「マカロニ死」に対する現代の言葉である。やくざでもない普通の堅気の人が言うのである。

死の間際の医療の対応も医師の生命観に依るところが多いだろう。死にどう向き合うか、思慮の深い医師は家族とゆっくり話ができるかもしれない。

犬にも人間と同じがんがある。その治療法もたくさんある。手術をすれば治る例もある。手術を拒む飼主もいる。ひどい治療費を請求されることもあるからかもしれない。同業として考えさせられる。

内科治療の抗がん剤、放射線治療の効果については、すれば少しは長生きするでしょうという話になるだろう。

治療して素晴らしい結果があればいいが、ただの延命の時もある。

何のために、誰のために生きるのかを考えなくてはならない。

二〇一四年、米国人女性のブルタニー・メイナードさん（二九歳）は末期の悪性脳腫瘍と診断され、余命半年と宣告された。

彼女は自死を選び、一〇月六日にユーチューブで話していた通り、一一月一日に医師に処方された致死薬を飲んで自分のいのちを絶った。

この行為を他人がとやかく非難することができるであろうか。苦しいのは本人である。「私だって死にたくない。魔法の治療があって助かるなら、子供も欲しい」

新婚の人であった。

「私が担当医だったら、いろいろな選択肢があることを伝え、できるだけ延命できる方法を説明する」と語る医師もいる。

米国では六七％の医療関係者が医師による自殺幇助に反対している。致死薬を与えることは安楽死を認めることになる。メイナードさんは苦痛に悩まされ、安楽死が認められているオレゴン州に引っ越して安楽死された。

延命治療をしないで死ぬのが尊厳死である。

患者の意志はどこで受け止めてくれるのだろうか。

実験動物には、ある年齢になるとがんが発生する系統がある。それに対する抗がん剤の効果と、自然発生がんへの効果に差があるのか。治療効果の比較実験のために実験動物でない犬の自然発生がんを提供して実験に参加したことがあった。

犬のがんであれば、放置したものと抗がん治療したものとの比較ができる。人ではできないが実験動物ではできるのだ。

このような実験で多数のデータの蓄積の結果が素晴らしければ治療の意味があるだろう。しかし、まだペニシリンのような素晴らしい効果にはなっていない。

がんは死に方のひとつで古代の恐竜の時代からあった。

DNAは太古の祖先から受け継いだ設計図に従って細胞を作るメカニズムであるが、誤作動で制御不能になった細胞ががんである。通常の細胞であればDNAの中に仕掛けがあり自死するが、異常を起こした細胞は生き続ける。これががんである。

犬には人間と同じがんがすべてある。犬ががんになり、外科で治せない時に愛犬の治療をどうするか。

人間の抗がん剤治療のモデルである。

人間の死因の第一位はがんである。自分にもその決断の時がくるかもしれない。愛犬の治療が実験であれば効果を見なくてはならない。どのように死なせるか、安楽死を含めて終末医療のあり方を考える時である。

ペットと呼ばれる動物の避けがたい死が訪れた時にどうするか。人間の心の中にいる動物の終末医療は人間の死生観のモデルである。

がん死ではないがこのままでは一週間で死ぬというケースもある。

治療、高栄養、点滴、胃内チューブ、酸素吸入などして延命治療することを望む飼主に対しては、動物病院は「すべきでない」と飼主の要求を躱（かわ）す術を持つべきである。

動物の死の時に、終末医療、尊厳死について深く討論し、自分の死、他人の死についても考える時にしたい。「犬死（いぬじに）」させない動物病院は良い場所である。

「俺が死んで人間の役に立ったなー」と犬が吠えている。

忘れられない犬の、ちょっといい話

●……心に残る忘れられない犬たち

獣医大学の学生時代の話である。

大学の広い校内にうろうろしている白い犬を時々見かけた。馬の世話と手入れをしていると、この犬が遊びに来る時があった。

見かけるといつもアンパンを与えて〝シロ〟と呼んでいた。私に懐いてきて遠くから私を見つけると跳んでくるようになった。

大学二年生の時に卒業論文を作るため細菌学教室に入部した。

細菌を培養するためにブイヨンを作る。肉を煮てスープを作り、濾紙で濾してできる透明な液体をブイヨンという。これに寒天を加えて細菌の培地にする。

これを作るために貰った肉を煮てシロに与えていたという話である。肉だからシロは喜んで食べていた。

ある時、馬術部の部室ですき焼をするので集まることになった。

それは牛肉ではなく犬の肉だという。どのように手に入れたかは分からないが、湯がいてから鍋に入れていた。

「磯部は犬が好きだから食べないだろう」と誰かが声をかけてきた。たしかに食べるのは嫌だった。するとシロが私を見つけて跳んできた。誰かが鍋から肉をシロに向かって投げた。シロは臭いを嗅ぐとキャンキャンと鳴いて逃げていった。

何故かその時の光景が忘れられない。

そんなある日、いつも馬術部の所へついてくるシロが交通事故に遭った。後肢がひどい傷で、膝から下の骨は折れ露出していた。その時私は四年生になっていて、外科実習を受けていた。私は研究室でシロの断脚手術をすることにした。シロは三本足になったが元気になって、相変わらず私に懐いていた。

その時、外科の先生から、「お前は器用だな」と誉められたことも忘れられない。シロは学生時代の私の友達だった。

私はカラスを二度飼ったことがある。

近所の子供がカラスを拾ってきて飼ったがカーカー鳴くので親に叱られた。私にもらって欲しいとその子に言われ、そのカラスを飼った。放し飼いができるほどになり、放すと近所に迷惑をかけるいたずら者だった。

秩父（埼玉県）の人がカラスをくださいというので、可愛い仔犬と交換することになった。仔犬は珍しいワイマラナーとポインターの雑種だった。両種とも猟犬で同じ風貌である。チョコレート色で耳が長く、性格の良い可愛いメスの仔犬だった。エリと名付けた。賢い犬で、飼っていたムクともすぐに仲良くなり、楽しそうだった。ムクとエリは夫婦になり、子供が生まれた。ギネスもので、一度のお産で何と一五匹も生まれたのだった。

エリは子煩悩な犬だった。

エリの数の認知はどうなっているかと実験してみた。仔犬を一匹ずつ隠していって、何匹で気付くかを調べたのだ。すると、三匹を隠した時に、つまり一二匹になった時にすごい勢いで仔犬を探し始めた。エリは「三」という数を知っていることになる。

エリは利口な犬だった。こんな実験をしたこともある。肉の塊を紐に結び、直径二メートルくらいの円形の花壇の所でその紐をエリの首輪に結び、花壇を回り肉の塊をエリの一メートルくらい前に置いた。食べようと前に進むと肉は動いて食べられない。ぐるぐる回り肉を食べようとするが食べられない。するとどうだろう。肉に向かわず反対回りをして肉にたどり着いた。やはりエリは利口であった。この仕掛けに気付いたのである。しかし、こんないたずらをする私も相当、変わり者なのか。

犬に肉を与えると多い方を先に食べに行く。これは大小が感覚で分かるということだろう。ムクを座敷に上げて遊んでいると親父が帰ってきた。犬は人より感覚が鋭いのですぐに気付いたらしい。

するとすぐに玄関の土間に下りてゲタを枕に寝たふりをした。親父はムクの頭を撫でて「よしよし」と言った。犬もなかなかな知恵者である。

ムクも老齢になり亡くなった。エリは寂しがり、食欲もなくなって喪に服しているようだった。寂しがる様子は哀れだった。

いつまでムクのことを覚えているか、また、実験をしてみた。毎週、土曜日に「ムクが帰ってきた」とエリに声をかけた。すると、そのたびに門の方へ走っていった。それから八ヵ月もの間、声をかけると門まで走っていた。騙しているのが可哀相になり、八ヵ月で止めた。エリは八ヵ月間もムクのことを覚えていて寂しがっていた。

近所の夫を亡くして六ヵ月の奥さんに会った。

「旦那さんが亡くなり寂しいですね」と声をかけると、「せいせいしています」と返ってきた。

寝たきりでいたご主人でもなかったのに。「寂しいです」と言ってほしかった……。

犬の方が思い遣りがある。冷たい人間よりは優しい犬がいる。

犬は妊娠しなくても乳房が大きくなることがある。エリはいつも「さかり」の後には乳房が大きくなり大変だった。

私が動物病院を開業する前に務めていた病院に、拾ったメスの野良犬がいた。白茶の犬でクッキーと名付けていた。可哀相に思って私が引き取り、新しい入院室で飼うことにした。一匹もいない入院室よりも一匹いた方が入院させる飼主も安心だろうと「おとり犬」である。

飼い始めて少しすると太ってきた。美味しいものをたくさん食べさせているからだと思ったが、お腹を触診してみると妊娠していた。胎児の大きさからみて、一〇月一〇日に生まれるな、と結婚間もない妻に話した。

その日に生まれないと藪医者になるので心配だったが、ぴったりその日に生まれた。これで妻へ、名医の面目がたった。

乳房の大きくなったエリは仔犬を欲しがり、クッキーは小型の痩せ犬だからエリに三匹与えた。喜んで母性本能を満足させていた。

なにしろ乳房が大きいのでブラブラ横揺れして歩きづらい。散歩に行く時には古いシーツで作ったブラジャーを付けて背で結んでいた。

町の中を散歩している時にブラジャーが破れ乳房が飛び出した。犬の乳房は出ているのがあたりまえだから、ブラジャーから飛び出した乳房は妙に笑いを誘った。


犬の知覚は人間より優れている。嗅覚は人間の一億倍である。

犬の知覚を愛玩犬でも利用したら、犬に使うお金も無駄にならない。活用法は書き切れないほどあるが、その一部を紹介してみよう。

盲導犬、聴導犬、麻薬犬、がん感知犬などはプロの犬である。そうした職業犬ではなくても、年寄りに郵便物を届けたり、新聞を手元に持って来たり、タバコやタオルを頼まれて持って来る優しい犬がいる。夕立や遠くの雷に気づいて洗濯物を取り込むようにと吠える犬もいる。

犬は嗅覚がいいから、年寄りであれ赤ん坊であれ、オシメの汚れを教えてくれる。訓練すればの話であるが。


変な物音に吠えるのは犬の習性である。

お父さんが私の大先輩の獣医で、子供たちは刑事になっている親しい知人がいる。犬を飼っている家の方が泥棒に入られる確率がずっと少なかったと話していた。

番犬のドーベルマンを飼っている家に泥棒が入った。友達の話である。

あんな恐ろしい犬がいるのに泥棒が入るなんて変だ、と話していた。犯人（ホシ）は犬が懐（なつ）いている奴に違いない。捕まった犯人はたしかにその通りだった。

吠えない犬でも犯罪被害の防止に役立った例がある。

おばあちゃんのところに「オレオレ詐欺」の電話がかかってきた。機転が利くおばあちゃんは、「犬の名前を言ってごらん」と言った。電話はすぐ切られた。私の病院に来るおばあちゃんの話だが、これも犬は吠えなくても番犬になるという例である。

親しくしている顧客で設計技師の方がいる。この人が飼っているシェルティー犬がまた珍しい犬で、いつも飼主を待っている。いつでもどこへ行くにも一緒である。北海道に行く時にも、犬のために飛行機を使わず車で行く。私が北海道に行った時に犬と一緒に迎えに来てくれた。いろいろなところへ案内してもらい、感謝した。

ソバ屋に入っても、寿司屋に入っても、入口で三〇分でもずうっと飼主を待っている。

どんなところでも待っている。誰に声をかけられても静かに待っている。人間の子供よりずっと躾がいい。

待合室では状況を判断して静かに待っている犬たちがたくさんいる。

病院に遊びに来た犬が何匹もいた。どうして私の病院が分かったのか不思議である。人間には分からない犬の知能だろうか。私が犬好きのせいか、犬にも大変好かれた。

昔の犬は庭に繋がれた番犬だった。往診に行って犬の名前を呼ぶと大喜びする犬もたくさんいた。それを見て犬の飼主が「俺より喜ぶバカがいるか」と怒っていた。

「食欲がない」というので往診すると、私の姿を見てすぐに餌を食べ始めた。

「こいつ、仮病を使って先生を呼んだんだな。往診など頼み、すみませんでした」

と、飼主に謝られた。犬の頭を撫でてあげたら喜んでルンルンしていた。往診料ももらえず犬を喜ばして終わり。

病院に遊びに来たエアデールテリアのロビンはどうして私の家が分かったのか不思議だった。ロビンは私に懐き、会うとその喜びようは大変なものだった。ロビンの家は私の所から三㎞ぐらい離れ、細い路地で人間でも地図を書かないと正確に来るのは難しい感じである。

ロビンは私の車に乗り、二回病院に来たことがあった。

群馬県に住む学友が遊びに来ている時だった。夕立とすごい雷の日だった。

「磯部、入院犬が逃げたんじゃないか、庭に犬がいるぞ」と友人が言った。慌てて庭に出てみると、ロビンが喜んで跳んできた。ロビンは雷をひどく怖がる犬で、飼主が留守で一匹でいる時に私の所へ逃げてきたのだった。どうして私の所へ来れたのか、ロビンの頭の中はどうなっているのかと不思議に思った。それだけの記憶でどうして来れたのか、犬の知能はすごい。

ある飼主が飲み屋ではしごしていたら、酔っぱらいの相手をしない愛犬がいない。捜していたら家で待っていたという。

ハトやミツバチの帰巣本能は研究されているが、詳しい科学的なことは分かっていない。

朝、早く新聞を取りに行くと診察室の入口に犬が尾を振って待っていたことがあった。すぐに入院室に収容し、喜ぶ姿を見ると患犬だと分かったが、名前を聞いても分からない。

昼過ぎに骨折して入院した犬に違いないと思い、カルテを探していると電話が鳴った。犬が居なくなったが、どうしたらよいかという相談だった。

「今、あなたに電話するところでした。病院に来ていますよ」

と話した。

「病院を怖がるなら分かるけど、病院が好きだなんて、うちの犬も変ですねえ」

と向こうは言った。いや、変ではない。名医が分かる名犬なのだ。お礼にノミ取り薬、一五〇〇円を愛犬にプレゼントした。

治療を受けた人語を話さない患犬から感謝されるのは獣医冥利である。獣医が喜んでいたとヤキトリでもあげて伝えてください。


汚れるというので散歩しないヨークシャーテリアが診察に抱っこされて来る。馴れていて可愛い犬である。

どうしたことか事故にも遭わず、他人に捕まりもせず、何事もなく独りで来た。私に会いに来てくれたということだろう。どうして道を覚えているのか、犬は偉いものだ。

来院して来る時に病院の角を曲ると騒ぐ犬もいる。我が家の愛犬も娘の所へ行く時、近づくと騒いで喜ぶ。景色が分かるのだろうか。

遊びに来てくれたたくさんの犬たちにありがとうと言いたい。

戌(いぬ)の日に腹帯を巻くというが、安産の御守りなのだろう。

犬にも難産がある。命を生むことは、まさに命懸けである。

チワワは小型犬にしては胎児が大きいので難産が多い。

私の顧客のKさんはチワワ犬を三五〇匹飼って繁殖していた。一九六九年頃、仔犬一匹四〇万円くらいで売っていた。高いですねー。Kさんは日本でも有名なチワワの繁殖家だったから売れていた。

知り合ったのは犬舎の設計の相談を受けたのがきっかけだった。当時、犬舎の建築には家一軒分の七〇〇〇万円の費用がかかった。

Kさんは下痢の犬が多いと悩んでいた。当時、仔犬をアメリカから輸入していたので、日本では少ないコクシジウムという寄生虫がいた。全頭に定期的に投薬し、虫はいなくなった。

難産な犬種なので帝王切開で死んだり、術後妊娠しなくなったりすると話していた。K

さんは治療のすべてを私に依頼してくるようになった。

繁殖のプロだから連れてくる犬のお産はすべて難産だった。鉗子分娩、会陰切開手術、帝王切開する犬も多くいた。

私が手術した犬はすべて予後も良く、手術した後も妊娠する。そのためKさんは手軽に考え、また、たくさんいるので管理が行き届かず、お産の難しい犬も妊娠してしまう。体が小さくて妊娠するたびに六回も帝王切開した犬がいた。

「もう生ませたら駄目ですよ。帝王切開は危ないから人間は三回までしかやりませんよ」

とKさんに話した。

しかし、この犬はまた妊娠して連れて来られた。

この犬のためを思い、Kさんに言うと反対するだろうから、Kさんには内緒で、これから妊娠しないように子宮を摘出してしまった。

飼主に内緒でしたことが深く心に残り、忘れられない。犬を思ってしたことだから許される、と自分に言い聞かせている。

有名な作家・吉村昭氏は、誰もが知る史実について、誤りを許さない執念で徹底的に足で調べる。足で作品を書く作家であった。

酒を飲みながら、「吉村さんは足で書いていますね。執筆よりも取材の時間とお金が大変ですね」と話したら、「よく分かるね。足で書くなんて、いいこと言ってくれるね」と喜んでいた。吉村さんは歴史家にはない鋭い感性で史実を見つける達人だった。

吉村氏についていまさら説明するまでもないと思うが、評伝を紹介してみる。興味のある方は一読をお勧めする。

『文藝』別冊『取材の記録の文学者　吉村昭』河出書房新社
木村暢男編『人物書誌大系41　吉村昭』日外アソシエーツ
川西政明『道づれの旅の記憶――吉村昭・津村節子伝』岩波書店

『三陸海岸大津波』は吉村記録文学の傑作である。明治以後、繰り返し三陸を襲った大津波の貴重な証言、記録を発掘したこれからの予防策の教本である。吉村氏が震災に対する予防有識者会議に招かれた時に、誰ひとりもこの本を読んでいないと嘆いておられた。

さて、話は犬のことだった。その吉村氏の優しさ、「仁」についてである。

吉村氏は猟をしている友人から猟犬のセッターを貰ってくれと頼まれた。フィラリア虫の予防をしていなかったので病状が出て猟に使えなくなり、吉村氏の家は井の頭公園に面して庭も広く、犬の余生にいい所だからと持ち込まれたのである。

吉村氏は犬に同情して、飼う羽目になったのである。「猟をする人間は優しさがない」と話していた。

その猟犬、コニーが肝硬変のため腹水が溜まり始めた。対症療法として強心剤、利尿剤などで治療するが、たくさん溜まれば腹腔穿刺して腹水を取らなければならない。多い時には四リットルも取れる。

犬も楽になるのが分かるらしく、感謝してくれているような態度になる。病気を治してあげるとそのような態度で懐く犬がいる。猫にはないことだ。

コニーは何度も腹水を抜いた。自ら車に乗り込んで病院に来る。お腹が小さくなり元気になる。

少し病状が進み、生きることが難儀と思われるようになった。元気になって生きるという望みはない。

医学はまず助けることが仕事であるが、安らかに死なせることを考えるのもまた大切な使命である。吉村さんと相談し、苦しむこともなく死んでいける麻酔薬を静脈注射することになった。

コニーはいつものように喜んで私の車に乗ってきた。

「コニー、手を出しな」

コニーは疑うこともなく前足を出した。私は駆血帯を巻いて注射した。三〇秒もしないでコニーの意識はなくなり、そのまま静かに亡くなった。

嫌がることもなく手を出したコニーを思うと、涙が出て止まらなかった。

この時のことを、吉村さんの奥様である作家の津村節子さんが、私の著書『動物医者の独り言』に特別寄稿として書いて下さっている。


コニーは、磯部さんが迎えに来ると、いそいそと自分からバンの後部に乗り込み、腹水をぬいて貰ってスマートになって帰ってきた。私と娘があんまりコニーを可愛がるので、いよいよコニーが弱ってきた時、夫はコニーの死ぬところを娘に見せたくないと思い、磯部さんに安楽死させてやって下さい、と頼んだらしい。コニーは磯部先生のところへ行くことを喜んでバンに乗って行き、そのまま帰ってこなかった。

磯部さんがあとで言われた言葉を今も思い出す。

コニーは、私たちに見取られて死にたかっただろう、千夏ちゃんにも、死という場面に立ち合わせたほうが良かった……と。

磯部さんが、ただ動物の病気を看るだけの獣医さんではないことを、私は今更のように思ったのであった。


（『動物医者の独り言』「特別寄稿　五十年の交流」より抜粋）


懐いた犬の死は哀しい。隠れたところで涙を流すことが多くあった。

昔は雑種がたくさん生まれた。貰い手を探すのが大変な時もあった。飼主募集の貼り紙を貼っておくと貰い手が見つかることも多かった。

捨てられた白茶の可愛い仔犬がきた。中野区の優しい家庭のYさんに貰ってもらうことにした。名前はエリと名付けられ、メスだった。

すべての健康管理を私が任せられた。病気もせず予防的な処置で済むありがたい犬だった。預かることもたびたびあった。

病気をしない犬だったので楽しい思い出ばかりある。

私の病院の近くには野球場ほどの林があり、散歩するには好適な所だ。最初に預かった時、夕食も終わりエリとそこに散歩に行った。真っ暗闇の林である。都会育ちのエリは尻込みして中に入らない。街灯がないと歩けない都会犬だなと笑ってしまった。

都会にはない所だから昼間に行ったら喜び、落葉を踏んで走り回り、大変喜んだ。私に懐いている犬だから、手からリードを放しても自由に走り回っていた。

夏の日、盥(たらい)に水を入れて置いている庭に、ケージの中ばかりだと可哀相に思い放しておいた。しばらくして庭を見ると、エリは盥の中に入り、横になって寝ていた。盥の水を飲む犬は知っているが、盥に浸かって寝る犬は、このエリが初めてだった。忘れられない犬である。


新島村、式根島に子供たちと遊びに行った時、林に仔猫が数匹捨てられて鳴いていた（前著に詳しく書いた）。

二八年間も通い、無料不妊手術をしていたので知り合いもたくさんできた。こちらでは最近、雑種犬が生まれないので、島で生まれた仔犬をたくさん飛行機で送ってもらった。

「新島犬」は、どの犬も病気もせず長生きだった。楽しい思い出と旨い「くさや」をありがとうと、島にお礼を言いたい。

動物を飼ったからこそ得られた人生の調味料だった。

◉……四本足でも〝千鳥足〟

いろいろな都合で犬の飼育を途中で諦める人たちがいる。キャバリア犬が我が家にやって来たのも、そんな事情からだ。

その犬は埼玉県の坂戸から来る犬で、私の姿を見ると喜んで走ってくる友好的な関係だった。

飼主は腕のいい一流ホテルの調理師だったが、辞めて病院に勤めた。

その病院は、新薬の人間への影響を調べデータを作る所だった。彼は厳しい栄養管理の下に人間モルモットに食事を作っていた。食事以外は水だけという幽閉の世界。彼は若い人間モルモットを見るのが嫌になり、そこを辞めることにした。

新しい職場は家から遠く、夫婦で寮に入ることになったが、ここでは犬を飼うことができず、泣く泣くの別れで、私のところで飼うことにした。

この犬が来て、私も少し規則正しい生活が始まった。

実は大学時代の友達が同じ犬を飼い、毎日の犬との散歩で体重も減りコレステロールも正常値になった。

「俺の健康は犬のお陰だ」と話していたことを思い出したのだ。

そんなことでこの犬と散歩していたわけではないが、日曜日の午後、いつものように散歩に出かけた。カルガモ、オナガガモ、コサギなどがいる落合川沿いである。

その時は黒目川と合流する下流まで行ってしまった。この近くには犬猫の好きな女将（おかみ）の店があるのを思い出した。

私は犬を連れて行くことにした。

女将さんは快く犬も席に座らせてくれた。するとこの犬、隣の客から肴（さかな）をもらい、ビールを喜んで飲みだした。犬が喜ぶものだから別の客も肴を食わせビールを飲ませ、犬はとうとう酒まで飲みだした。可愛い顔をしたこの犬が酒好きだったとは知らなかった。

その晩は千鳥足ならぬ四つ肢の乱れでタクシーで帰る羽目になった。乗った車の運転手が犬好きで、楽しい会話になった。

それから何度も犬の散歩を口実に飲み屋に立ち寄ったが、この犬はいつでもどこでも人気者になってしまうのだった。ひとりで飲むよりも犬がいたほうが楽しい。

だが、この良き友との別れの時が来た。幸せなことに元の飼主に引き取られたのだ。そしてその後も、病気の時や予防注射には私に逢いに来てくれた。

まだ他にも、ビールや酒を飲む犬がたくさんいた。

ある時などは急性アルコール中毒で入院した犬もいた。これは建設業の従業員たちが犬に向かって「オイ、社長」などと言って、しこたま酒を飲ませたらしい。犬の具合が急に悪くなり、社長に叱られると赤い顔が青くなり、急遽来院した由であった。

治療は点滴で水分の補給である。入院室は酔っ払いの臭いが充満した。

また、私の顧客に猫好きの獣医学者がいて、外国の大学で先生をしたり家畜の病気について指導をしたり、農林省（当時）で研究をしたりしていた。そのお宅で酒をご馳走になっている時に、「うちには酒を飲む猫がいた」と話された。さらに、飲む酒は紹興酒と梅酒が好きで、それもストレートしか飲まないということだった。おつまみはエビが好きだとか。

犬だけでなく猫にも酒飲みはいたのだ。四本足でも〝千鳥足〟になるという話である。

◉……犬の常連客

私がよく飲みに行ったその店は『割烹』と称していたが、『料理屋』とどう違うのか分からない。値段の方も少し分からないところがあった。飲み代の請求だけは確かに高級割烹という感じであった。

店の主人は、年齢は私と同じくらいで、丸顔で坊主頭、イガ栗にそっくりだった。

偏屈なところもあるが、京都で長く修行をしてきた分、腕は確かであった。

主人は料理好きの私を素人だからと油断して、いろいろと料理の作り方など手ほどきをしてくれた。鱧（はも）の骨切りなどもさせてくれて、笑顔を見ると憎めない面もあった。ふぐの調理師免許も持っていた。

「オヤジさん、あんまり常連客からぼっちゃいけないよ、常連客が光熱費や人件費を賄っていると、俺は思うんだけどな。常連客が店に来なくなれば、店は潰れるというわけさ。『一見（いちげん）さん』が掃くほど来れば、話は別だけど」

「いい食材を使っているのだから、そう厳しいことを言わないでくださいよ」

「いやいや常連客の懐を考え、なおかつ自分の腕を見せるのが術というもので、それが職人というものでしょう」

そんなやり取りをしていると、表口から犬が一匹入って来た。私の姿に気づいたからだろう。

「何だ、お前か」と主人が大きな声を出した。茶色の雑種犬で、よく見るとその犬は私があげた犬だった。

飼主は道路向こうの人で、ここでは匿名にしなければならないほどの有名人である。

「コロ（犬の名）は、ああして時々勝手口へ食物をねだりに来るんだ。食物を貰いに来るくせに、あれこれ好き嫌いを言うところなんぞ、家柄が出ていると思うよ」

「どんな物が好きなんかね」

「一番は鴨だね、それも焼き物でね、伊勢海老の味噌汁ご飯も喜ぶね」

「ずいぶんと贅沢な話だなあ、庶民にはなかなか口に入らない品だね」

「刺身だと、縞鯵（しまあじ）だね」

何だか聞いている方があほらしくなってきた。

犬には我々が思うより知恵がある。周りの状況をよく理解し、がさつな人間よりましな犬もたくさんいる。

手で撫でてやると喜び、足で同じことをすると「バカにするな」と猛然と怒る犬がいた。

「コロも、勝手口から食物を投げると見向きもせずに食べないでいる」と、主人の話。面倒だがゴミにするよりは、と器に入れてやるそうだ。するとコロは旨そうに食べ、主人の顔を見て尾を振って帰るとか。

「おーっ、コロ、今日は表口から入ってきたから背中に請求書を付けるから覚悟しろ、それが嫌だったら、勝手口から入ってこい」と主人が大きな声を出した。

今晩のコロは、私に奢ってもらいたいと思って表口から入って来たのかも知れないと思った。

●……犬との心中事件

心中という言葉は日本独特の表現である。

男と女が一緒に自殺する。英語ではdouble suicide（二つの自殺）、と言ってしまえばそれまでだが、日本ではその行為に「心中」という言葉を与えた。

現世の規律や障害によって結ばれぬ恋に肉体的に最高な障害である死を与えることによって、男女の愛を来世に結実させようとする方法であった。

封建的な社会で、結ばれぬ恋、遊里の恋など、心中行為の実行者に対する民衆の心は、支配者に対する反動として美化された歌舞伎や浄瑠璃世話物に演じられ、絵草紙にもされて民衆にもてはやされた、日本人特有の死にざまである。『心中重井筒（かさねいづつ）』『心中天網島（てんのあみじま）』などの浄瑠璃が有名だ。

今日のように世の中が複雑になってくると自殺者の心理もさまざまだ。毎年、交通事故死より多い三万人以上が自殺している。一〇年で三〇万人以上、これは戦争である。

真夜中、家族の者は皆静かに眠っていた。ひとりで、ぼーっとしていた時、けたたましいパトカーのサイレンが病院の前で止んで、すぐさまブザーが鳴った。

慌てて診療室に行くと、ドアの前に二人の警察官が立っていた。すぐ中に入れ、何事かと尋ねた。

「心中事件です」と答えた。当方は動物病院なので病院違いかと思ったが……。そういえば、開業した頃、自分の病状を話しに来た人がいたこともあった――。

興奮ぎみの警察官の話によると、管轄外の署から来たのだが、「犬との心中事件」で犬が血まみれになっている、と話した。

犬はタオルに包んで車の中にいるから、急いで診察してほしいとのことであった。

生あるものに対する警察官の真摯な態度に敬服した。「この犬も飼主の下に一緒に逝った方がよいのでは」と頭をよぎったが、その考えはすぐに消え、今助けられるのは私なのだと、獣医として体が動いた。

警察官に抱かれて、血に染まったタオルに包まれた茶色のダックスフンドが診察台の上に置かれた。犬の顔は、好いていた飼主に刺された恐怖と痛みのショックで大きな眼を開け、不安と意識を失うまいとする弱々しい表情であった。

タオルを解いてみると、第一〇肋間に切り創があり、息をするたびに血の泡がブーブーと音を立てて、暴れもせずに静かに横になっていた。

静かな手術室にブーブーという音だけがタイルの壁に響いていた。肺が明らかに刃物で破れていて、意識の状態といい緊急事態だ。すぐに手術をしなければ死んでしまう、と行動を開始した。

気道を確保するために軽く鎮静剤を注射して気管にチューブを挿入し、酸素とともにイソフルラン（吸入麻酔薬）を肺に送り込んだ。

犬は静かな眠りに入り、その顔は穏やかになっていた。

犬と心中か……自分が死んだら可哀相だと思う飼主の気持ちも分からぬわけでもないと思った。

私も自分の犬の遺骨を今でも箪笥の奥に大事にしまってある。自分が死んだ時に、一緒に納骨してもらいたいと思ってのことだが、一瞬、そんなことが頭に浮かんだ。

横になっている犬の胸と脇腹の毛を刈り、消毒薬を塗った。犬の体は茶色に染まり、無影灯の光でひかっていた。有窓布を掛けて、肋骨の間を切り開いていくと、切れた肺葉が見えてきた。横隔膜も刃物の幅だけ切れていたが、幸いなことに肝臓には創はなかった。

手術を終え、麻酔を切り酸素吸入だけにすると、しばらくして、耳をピクピクと動かし、目が覚めてきた。

手術室に輸液ポンプのモーターの音がコトコトと響いていた。

明朝、動作も意外に元気そうなので、点滴セットを外した。昨晩の警察官が二人で犬のことを心配して来てくれた。

「飼主はどうしましたか」と質問してみた。

「既遂でした。故人には息子さんがおりましたので、犬の件は話しておきました。ここの病院の住所と電話番号は伝えてあります」と礼を言って二人は帰って行った。

人間が一人死ぬか生きるかの大騒動の折に、犬の生命のことをよく気づかってくれたと、優しい警察官に感謝の気持ちが湧いてきた。日本の警察官の全員がこんな気持ちなら犯罪も少なくなるだろう、などという思いもした。

四、五日経過した頃から、食欲も出て元気を取り戻してきた。しかし、遺族の方からは連絡がない。この犬を引き取りに来てくれるだろうかと、少し不安になってきた。

以前、マルチーズを預かり、その後飼主が夜逃げして、貰い手探しに苦労したことを思い出したりしていた。

それから数日後。長身で身だしなみの良い青年が訪ねてきた。青年は、連絡もせずに済まなかったと詫びながら頭を下げた。葬式やら整理などが忙しく、ようやく落ち着いたので退院の日時など相談をしに来たという。

気の毒な話で、治療費の請求などする気になれない。

これで良かった。お母さんの可愛がっていた犬をこの青年は母の分身として、見るたびに心も穏やかになるだろうと思った。

一年後、たいした病気ではなかったが、犬をつれて青年がやってきた。幸せそうに暮らしている姿に、これで良かったと、ひとりでうなずいた。

食と旅の楽しみ

◉……食べることと料理すること

食欲は欲の最初のものである。食べなくては死んでしまう。哺乳類は生まれたらすぐに乳房を吸う。

生きるために食べるのか。食べるために生きるのか。

料理は食材を食べやすくする作業である。人類だけが料理をするのではない。動物もする。鳥は咥えた魚を打ってから食べる。

人間はシラウオ、ドジョウを「踊り食い」と称して生きたまま飲み込む。鳥も眼を丸くしてびっくりしている。ドジョウなどの生食は危ないので、後で詳しく書こう。

鳥は魚を頭から飲み込む。当然、尾から食べたら鰭が引っかかるからだ。不思議に思うのは親鳥が飲み込んだ魚を吐いて仔鳥に食べさせる時のことだ。頭から吐き出された魚を、頭から仔鳥に食べさせている。胃の中で器用に回転させているのだろうか。

蛇は獲物を体で締めつけて骨折させてから食べている。つまり動物も食べやすい大きさにして食べていることになる。

料理の始めは切ることである。

縄文時代（一万五〇〇〇年〜二万年前）に湧別技法と呼ばれる特殊な技法で細石核から細石刃が剥離された。それを骨の溝に彫り、はめ込んだ。これが包丁の始まりである。

チンパンジーは料理の道具として細い小枝を穴に刺して虫を取っている。そのようなことをする鳥もいる。

食物の好みは離乳食から始まる。味の原体験が旨味を覚え拡がっていく。

味蕾で感じる味は甘味、鹹味、酸味、苦味、辛味、渋味、えぐ味そして旨味である。旨味の感じ方は難しい。

食材の旨味を活かす「隠し味」という日本語もある。そのものが使われていると気付かせず味を出す。

ソースなどでごまかさず、食材の持ち味を大切にするのが日本料理だと思う。ここでも旨味という言葉が生まれてくる。

甘いという字は「あまい」とも「うまい」とも読む。旨いと感じる認知感覚は視覚、食感、嗅覚、味覚である。

甘味は味をごまかす味である。甘いと美味しく感じる。甘味以外の味は濃度が濃くなると不快感になる。甘味は濃度が濃くなっても誰もが快適な味と思う。

鹹味は塩味で、生命が海から生まれた血液の源である。塩味はどの味とも合う。

苦味はカフェイン、ニコチン、キニーネ、胆汁酸などの有機物質がある。苦味は味が長く残るが、それを消すには甘味がいい。他の味と少し混ざると味にこくがでる。

酸味は果物にはクエン酸、リンゴ酸などが含まれるが料理には酢酸、コハク酸、乳酸などが利用される。

辛味は刺激性が強く英語では「ホット」と言う。頭から汗を出させるには室温の高さよりもトウガラシのカプサイシンの方が早くたくさん発汗させる。ワサビの辛味成分はイソチアン酸アリルで刺身に活（かつ）を入れてくれる。細菌性食中毒の予防に役立っている。

渋味は渋柿の味、若い果実の味である。粘膜の収斂で味というより痛みのような皮膚の感覚である。

えぐ味は大人の味である。山菜などの灰汁（あく）の成分の無機塩、タンニン酸、シュウ酸カルシウム、有機酸などで、サトイモ、タケノコ、ワラビ、ゼンマイ、コゴミなどに含まれている。糠汁で茹でて灰汁をとる。

旨味は核酸系とアミノ酸系があり、和食の味の元はカツオ節、昆布、椎茸の出汁である。グルタミン酸、アスパラギン酸、イノシン酸、グアニジン、グリシン、ヒスチジン、アルギニン、メチオニン、トリコロミン酸、イボテン酸が旨味成分である。日本で発明されたカツオ節の旨味成分はまだ全部は解明されていないらしい。貝、ウニ、カニ、エビは旨味が多い。


旨い物とは何かの定義は難しい。

犬の嗅覚は鋭い。人間の一億倍である。犬にいろいろなチーズを並べて食べさせると、必ず高いチーズから食べる。不思議である。犬が嗅いで高価な物を食べる。高価な物は旨いということなのか。

高価な物は誰でも旨いと思うのか。その通りにいかないところが「旨い」の定義の難しいところである。

食材は身近に多くある物から、珍しいものへと手が伸びる。料理の方法も生、焼く、煮る、蒸す、燻す、干す、スープにするなど数々ある。味付けもたくさんある。食材の種類と料理の方法を組み合わせたら、その食物の種類は分からないほどの数になる。大袈裟にいえば星の数ほどになる。誰が食べても旨いと評価される食物はないだろう。

美人は誰が見ても美人と思うか、そんな調査がされている。一五人くらいの女の人の顔写真を並べて、どの人が美人かといろいろな民族の人に聞いて調べた結果を見たことがある。結果はどの民族でも選ばれた美人は限定された人たちになっていた。

旨いと思う食物はどうか。食物の食習慣、食べた経験の違いによって旨味の評価は異なる。百人百味であろう。

旨い物選びより美人選びのほうが簡単でバラッキがないようだ。

料理の神髄は深く極める技である。料理は芸術に通ずる。器に飾る料理の空間、色と型が食欲を誘う。日本庭園と同じである。

芸術を見る眼と同じである。芸術は心の栄養だが料理は身体の栄養である。さまざまな色の食材が身体のいろいろな成分になる。

いかに美味しく食べさせるかが料理の技である。最初は焼物に始まり、器が発明されて煮る料理が発達してきた。

過去、人類は植物に多く依存していたが、動物も食べていた。貝塚には多くの海産物がみられる。

マンモスが滅亡したのは古代人類が食べたことが原因であると唱えている学者もいる。人類は山火事で死んだ動物を食べて、焼けた肉の味を覚えたのであろう。洞窟では火を絶やさず燃やし続けた。そして肉を焼いた。焼く料理の始まりである。

食欲のない犬に食べ物を食べさせたい時には肉を焼いて与えてください、と飼主に話す。煮た肉よりも食べてくれる確率が高いからである。犬が焼いた肉の香りを好むのだろう。高価なチーズを嗅ぎ分けられる犬だから焼いた方が美味しいのだろう。

焼いた肉は美味しい。ヤキトリ屋さんは人気があり、いつも混んでいる。年寄は焼いたサンマに郷愁を感じる。七輪で煙をもうもうと出してサンマを焼いた思い出があるのだろう。山里で食べる魚は塩が湧く焼いたサケだった。

日本人が食べる焼物は、一般的には魚の干物だった。イワシ、サンマ、サバ、ニシンは日本人の蛋白源だった。鯨もありましたなあ。食べたい……。

油揚げの中にネギを入れて焼いたおつまみ、通人が好む焼きナス。クリスマスと共にやってきたのが七面鳥と鶏の丸焼きだった。日本人には尾頭付きの鯛の焼物の方がめでたい。

焼物で日本の家庭で食べられないものはロースト・ビーフだった。肉に畏敬を込めて畏(い)肉(にく)で、大きなホテルでしか食べる機会がなかった。

ロースト・ビーフはバイキングであっても別格で、白い高い帽子を被った恰幅のいいコックが別に付いていて、「食べさせてください」と惨めな顔をして並んで薄く切った肉片をもらう。戦後の食料難で食物欲しさに並んだ行列を思い出した。

ロースト・ビーフは薄く切るのが術で、薄いのが旨いらしい。大きな肉塊を置いて、好き勝手に食べてくださいという方法はないのかね。

こういう考えは情けないのか。食べさせてくれない方が情けないのか、食べたいと思う心が情けないのか……。

お店の手抜きの代表は焼肉屋だろう。

食材を並べて、お客に勝手に焼いて食べなさいという。鍋奉行ならぬ焼奉行の手腕で味が左右される。焼き過ぎは禁物である。ひっくり返し過ぎるのも禁止である。

牛生レバーが禁止になったので、食べたい人は勝手に生焼きでどうぞという感じ。生レバーはO(オー)―157(大腸菌)の食中毒、寄生虫の肝蛭(カンテツ)、無鉤条虫(むこうじょうちゅう)の感染が危ない。豚は有鉤条虫、肝炎が危ない。

焼肉屋で大腸菌食中毒で人が亡くなった事件があった。生焼きは禁物である。

「煮る」は器の発明から始まる。土器の鍋、縄文土器の深鉢で立てて囲炉裏で火を燃やしたのだろう。中に焦げ付きがあり、外側に煤の付いた土器がたくさん発見されている。

浅鍋は真下から火を受けるから、深鉢とは料理の種類が違っていたのだろう。深鉢は長く長く煮る煮込み料理やスープであろう。浅鍋は炒めたり少し煮るだけの料理で、古代から料理法があった。

子供の頃の煮物料理で思い出すのは野菜料理ばかり。カボチャ、ナス、ジャガイモ、サツマイモ……。蛋白質は油揚げ入り、肉の記憶はあまりない。

煮魚はサバ、イワシ、アジ、ニシンの干物。サバの味噌煮は今でも定番である。

食堂でサバの味噌煮を食べていると「金がない」と思われそうで、隣で刺身定食を食べている人がいたりすると引け目を感じる。

だが、サバの味噌煮は旨い。これを上手に煮ることができたら腕のいい料理人である。

旨いのは自分で作るしめサバである。サバを三枚におろして、塩を十分に塗して三〇分、塩を流して酢に三〇分浸け、ゆずなど入れると香りがいい。身の中が生のうちが美味しい。

イワシは焼くも煮るも刺身も皆、美味しい。内臓付きが格別に美味しい。通人は腹わたを好むのだ。

親しかった高名な料理研究家の小林カツ代さんにイワシの変わり天ぷら料理を教えたことがあった。大変に喜んでくれた。

イワシの尾を残し、中骨を取ってV字型にする。身の間にネギ、ニンジン、ゴボウなどを細切りにして粉を付けて入れ、全体に衣を付けて揚げる。適当な大きさに切ってしぐれをかけて出来上がり。野菜の香ばしさが加わり、実に美味しい。

アジはその名の通り、味がいい魚である。イワシと同様、焼くも煮るも刺身も美味しい。生はマリネを勧めたい。料理法は割愛するが、創意工夫すると美味しいものができる。

アジの干物は捨てがたい味である。なかでも小田原の干物は旨い。

日本人は生食が好きである。海の幸に恵まれ、美味しい刺身を食べるからである。生食に不安を感じないのだ。

◉……食べ物の怖い話

ここで生食の怖い話を書いてみよう。

新入社員の女性が忘年会で上司からドジョウの踊り食いを強要された。その後、この女性の皮下に瘤（こぶ）ができ、病院に行くと医者が頭をかしげた。

医者もあまり知らない剛棘顎口虫（ごうきょくがくこうちゅう）であった。ふざけていたなどと言える話ではない、ひどい食ハラスメントである。

高級官僚がグルメで接待を受ける慣習があったと聞いたことがある。真偽のところは分からない。長良川で鮎の背越（せご）しを食べて横川吸虫（よこがわきゅうちゅう）、肝吸虫（かんきゅうちゅう）のおみやげを貰った高級官僚がたくさんいたと寄生虫学者が本に書いていた。

刺身には、「つま」と「飾り付け」をする。

生きの良さを見せるために生きた沢蟹を飾り付けの仲間に入れた。生食に慣れている日本人はその沢蟹を食べてしまった（沢蟹は通常、唐揚げで食べる）。その後、咳が出るので病院で診察を受けたが、医者は診断に手こずった。それもそのはず、医者も気付かない沢蟹を食べて感染した肺吸虫症であった。X線を撮ると、まさかの影が写っていた。肺結核はともかく肺がんに間違われるかもしれない。

森繁久彌がかかったことで有名になったアニサキスがある。海獣の寄生虫で中間宿主のイカ、サバ、タラ、サケなどに寄生していて、その刺身を食べると胃に食い付く虫である。胃カメラで取り除く。私は胃カメラで見たことがある。経験者に聞いたところによると、その痛みは、それまで経験したこともないような激痛だという。

体長二〜三cmの虫である。寿司屋が切片にしたネタを注意深く目視していると話していた。怪しい活魚は一晩マイナス五〇度で冷凍するという。マイナス五〇度は活魚の食感が失われない限度の温度である。

四〇年以上前の話だが、獣医大の学生が卒論をつくるために勉強に来ていた。お父さんは札幌に住んでいた。当時は生サケを東京で見ることはなかった。彼が札幌からお土産に生サケを持って来てくれたので、お手のもので私が一匹全部を刺身にした。助手の獣医たち四人で宴会である。直径五〇cm以上ある大きなお皿に花のように丸く並べて食べた。宴会も進み刺身が残り少なくなった時、皿の中心部に溜っている血様の水の中に二〜三cmの線虫がうようよ泳いでいた。当時、アニサキスは話題になっていなかった。皆、吃驚仰天、慌てふためいて線虫に効く駆虫剤を飲み、ウイスキーをロックでたくさん飲んだ。感染はしませんでした、無事安心。

熊の生肉を食べて筋肉痛になりクマった（駄洒落です）人がいた。旋毛虫の寄生である。こういう人は他人と違ったものを食べたがる。こんなものを食べたと人に話したい。味はどうだったかと人から聞いてもらいたい。だから変なものを食べるのである。

豚の生肉は回虫、肝炎、有鉤条虫、牛は無鉤条虫、大腸菌Ｏ―１５７が危ない。焼肉店で死者が出た。

カエル、ヘビ、スッポンの生血を飲む人がいる。精力が付かずにマンソン孤虫で移動性腫瘍ができる。

何でも生で食べたがるグルメとゲテモノ食いは要注意である。危険を犯すから旨いのか。昔はふぐも同じ心理だったのだろうか（今は安全です）。

武蔵野線で鯰の町・吉川へ行ってきた。駅前には大きな鯰の彫刻がある。老舗の鯰専門店へ――。

鯰は顔に似合わず淡白で美味しい魚である。フルコースで煮物、焼物、揚げ物、いろいろあり、刺身もあった。

かまぼこの原点は鯰を擂り潰して塩をまぶし、竹の棒に巻いて焼いたものであると、明応五年（一四九六年）の『節用集』に書いてある。鯰は美味であるが見てくれが悪いので、食べてもらいたいと思った人が考え付いたものだろう。

野生の鯰、雷魚の刺身は有棘顎口虫の寄生があり危ない。吉川ではすべて養殖されているから安全である。天然が旨いというが、養殖の良さもあるのだ。

アメリカへ行った時、魚好きの私はミシシッピー河畔、セントルイスのホテルで鯰のフライをたくさん食べた。河岸で釣りをしている人をたくさん見た。鯰も釣っていると話していた。鯰はヒゲがあるからキャット・フィッシュという。

そこで一ポンドで値段が一番安い揚げ物があった。何か分からず注文したらザリ蟹だったが、美味しいおつまみだった。

日本では親指大のものを唐揚げにして食べた。これも美味しかった（食べるべし）。

日本は「ふぐの文化」がある国である。

ふぐの肝臓の毒、テトロドトキシンは食べたら死ぬ。江戸時代は死と隣り合わせの食物だから文化が生まれたのである。

ふぐは専門の調理師の免許が必要だ。ふぐ中毒は死亡に至るので実技試験もある難しい免許試験の合格者にしか調理できない。食用のまふぐ、ひがんふぐ、とらふぐなどの卵巣、肝臓は猛毒である。それは一〇g以下で死に至る。とらふぐの皮は食べられるが、まふぐ、ひがんふぐの皮は猛毒である。

今は身欠きとして家庭でも刺身で食べられる。ふぐの刺身は魚でありながら食感は魚とは違う独特の旨さがある。

私はふぐの肝臓を食べたことがある。一種特別な旨さがあった。何故、食べても平気だったのか。養殖で毒がなかったのである（この話は読まなかったことにしてください）。

ふぐ毒は食物連鎖で作られるという説がある。つまり、餌によって毒が作られるという話だ。だから養殖なので食べられたのか。ふぐ自身が毒を作るという説もある。

ふぐの肝臓は決して食べてはいけない。毎年、冬にはふぐ中毒で人が死んでいる。自分で釣った魚を調理師の免許もないのに料理して食べた結果である。

ふぐの種類によっては無毒なものもいる。皮を食べられるのもいるし、皮に毒のあるのもいる。ふぐの白子（冬）は大変に旨いが、卵巣は猛毒である。その毒、テトロドトキシンは青酸カリの一〇〇〇倍である。部位により異なる。だから、ふぐ免許は難しいのである。

有名な歌舞伎俳優で人間国宝の坂東三津五郎（八代目）が寿司屋で水槽に飼われているふぐを無理やり料理させ、肝臓を食べて死んだ事件が昭和五〇年にあった。その寿司屋は営業停止。店側は五一五〇万円の損害賠償訴訟を起こされたが和解した。ふぐ中毒死の賠償額が一億一三五〇万円という訴訟もあった。

ハコふぐは釣られるとすぐに棄てられる。それを拾って肝臓を残して他の臓器は捨て、味噌とネギを腹に入れて箱状の体を鍋にして焼いて食べると大変に旨い。海岸沿いの店で一〇〇〇円で食べた経験がある。だが、ハコふぐにはパフトキシンという毒がある。最近になり禁止になった。私は今までたくさん食べたが大丈夫だった。

ふぐ毒のテトロドトキシンは明治四二年（一九〇九年）、ふぐ文化の進んだ日本で発見された。田原良純博士が純度の高い毒素を抽出し、テトロドトキシンと命名した。

縄文時代の遺跡からもたくさんのふぐの骨が発見されている。縄文時代のふぐには毒がなかったのか、ふぐ調理師がいたのか。だが、大人も子供も一家の死亡した遺跡が発掘されている。一家のふぐ中毒死だったのか。

日本でふぐ文化が発達したのはふぐの身の繊維の弾力の強さ、食感、刺身を好む日本人、白身の旨さ、そして毒の恐ろしさがあったからだろう。

食べたら死ぬかもしれない、それでも食べたい――。

「河豚(ふぐ)は食いたし、命は惜しし」

ふぐは強い毒を持っているところから、有名な異名が「てっぽう」である。鉄砲だから当たれば死ぬのだ。ふぐの刺身を「てっさ」、ちり鍋を「てっちり」という。

美味しいものをいろいろ食べるのは人生の喜びである。

無駄口をたたかないで食べよう。

◉……金を食べる

この「金を食べる」というタイトル、お金を出して無駄なもの、旨いものを食い過ぎるということではない。

食事をすることは栄養を摂取することであるが、何の栄養にもならない金箔を食べることである。作る方も食べる方も食に対する感覚が鈍い、というか感覚そのものがないのだろう。馬鹿げている。いろいろな所で食べられているのに、今さらこんなことを言うのが馬鹿げているのかもしれないが……。

金（きん）は食べられるために存在するのではない。鉄や鉛はそのままの無垢の姿では価値がない。形を変え、何かと混じり、つまり姿形を変えて世の中で利用されている。金は他の金属とは違い、そのままの姿でも価値がある。金が関係もない所に出されて食べられる所業は正気の沙汰ではない。

それは料理の上に金箔を乗せることである。金箔を乗せて料理に高級感を与えようという魂胆で、見た目のごまかしである。金箔入りのお茶、お酒もある。

金箔で味が変わるわけでなし、だいたい金など消化されるものではない。値段を高く取る料理に使われるのである。

金箔は金一gを叩いて延ばして、大きさは畳一畳になる。金沢に行けば金箔を乗せて高級感を出したいろいろな料理がある。

金沢の味、どんな種類の料理か。

加賀藩一二〇万石、藩祖前田利家、「人心一和」を藩訓とした。加賀野菜は日本一と言われている。

保守的気風は食生活にも及んでいる。「質素を旨」としているが、客に対しては贅(ぜい)を尽くした対応をする。小糠に漬けたコンカイワシは、そのまま食べたり、野菜の漬物と一緒に煮るイジイジ鍋にしたりする。

日本のブイヤベースのじぶ煮がある。鴨やつぐみ、または若鶏の肉に小麦粉をまぶし、筍や生しいたけ、すだれ麩(ふ)の鍋である。ゴリの唐揚げ、猛毒のふぐ卵巣の糠漬け（この地だけで許可されている）、他に旨いものは万十貝とホタルイカ。

墨守する伝統の味があるのに、金箔を乗せて、これでもかと高級感を出す。そのままでいいのに余計な所業である。前菜、酢の物、刺身、汁物、煮物、揚物……。どんな料理でもござれ、さすがにお新香には乗せない。

酒の飲み過ぎ、二日酔いには効果がない。金箔をたくさん飲み過ぎる方が体に悪い。

金箔を料理に乗せる料理人の心はどこにあるのか。こしらえた料理の粋を忘れたのか。堕落である。

日本料理にこんな所作が始まったのはいつ頃なのか、どこから始まったのか。高級料理店、高級旅館で客を驚かし、他との差別化を示すために考えついたに違いない。

旅館などは総じて料理などに危険を犯さず同じようなものを出す嫌いがある。しかし、金箔を乗せてお客を仰天させることは簡単である。

そのようなことで次々日本中に広まったと思われる。そろそろこの習慣は料理界で止めてもらいたい。味で勝負だ。お化粧美人よりも湯上りのすっぴん美人で勝負しよう。

板前さん、お願いします。

◉……旅は「食」連れ

住み慣れた土地を離れ、日頃は口にできないものを食べる。いつもと違う時間を過ごす。移動の手段はいろいろあるが、できれば急行ではなく鈍行の方がいい。

旅は、人間の大きな欲の一つで、旅の楽しみは景色とその土地だけの味であろう。人はそのために移動するのである。仕事のついでにという出張族もいる。自分の金でしか移動できない私にとっては羨ましい限りである。

この肴(さかな)は俺が稼いだ金で注文したものだと思うと何か親近感が湧いて、よくぞ俺の前に出てきてくれたと涙する時もある。そんな時には旨さが増してより美味しいものだ。どこかへ行って旨いものが食べたい。

「そうだ、博多へ行こう」

飲み食いなら最高のところだ。

まず、中洲の屋台だ。博多の屋台は二〇〇軒余で内一〇〇軒ほどが中洲地区にあると言われている。

ふた昔前まではあちこちの駅裏の路地には必ず屋台が出ていた。中華ソバ、おでん、焼きとりなどと書かれた赤い提灯がぶらさがり、風に揺れていて、仕事帰りにちょっと一杯と気楽に寄ったものだ。だが、今では全国的に屋台はまさに風前の灯し火である。行政側は衛生上やら交通問題、果てはヤクザの所場代などと云うマイナス面で許可したくないのだろう。中洲の屋台は累代を許していないので無くなる運命にある。

都市空間は清潔で綺麗な町並みにすればいいというほど単純なものではなく、何か生きている温もりを感じさせることも大切である。

いや、是非とも必要だとあえて言いたいところである。

このような時に、屋台がまとまって頑張っている博多はエライ、全国的に屋台が規制される中で博多は格別だ。これぞ旅で楽しめる風物である。

屋台で食べられる品数の多さにも感激させられる。それに味もよい。飲み物も多い、驚いたことにカクテルまで出す屋台もある。ビールを注文すればアサヒかキリンかと銘柄まで聞いてくれる、焼酎を頼めば芋か麦かと聞いてくる。まさに飲んべーにとっては至れり尽くせりの屋台なのだ。

もちろんラーメンも旨い。全国に有名な『元祖長浜屋』をはじめ、『元祖赤のれん』『一龍』『一風堂』……油とコクのあるスープ、目の前に並んだ多くの具、高菜、胡麻、細切りの紅生姜など、好きなだけ入れられる。他の都市の追随を許さない実力がある。

博多にはまだまだ旨いものがある。その中でも魚介類の新鮮さがとくに素晴らしい店に『稚加榮』がある。店に入ると中央のプールのような生簀（いけす）に度肝を抜かされる。カウンター式のテーブル、通路の周りには落ち着く座敷もあり、いつも賑わっている。

生簀にはイカの群れ、オコゼ、チヌ、海老などが元気に泳いでいるのを見るだけでもこの店に来る価値がある。私がこの店で必ず食べるのがイカである。透明な刺身は口の中でシコシコしながら舌に絡み粘膜に張りついてくる。足は焼いたり揚げたり、また刺身で出してくれたりする。

また博多と言えば「河豚」であろう。「ふぐ」と濁らずに「ふく＝福」と言う。

東京に比べて値が安く鮮度もよい。

とにかく、博多に行ったらふぐを食べないではいられない。旬（しゅん）であればもちろん白子が最高だ。目の前に出された焼き白子の薄い皮が弾けている。口の中でねっとりと旨さが爆発する。

口腔にまつわりついた旨味を地酒で胃の中に洗い流す。そうすることで口の味覚神経は新鮮さを取り戻すのだ。北陸では猛毒の卵巣が食べられる。永く漬け込んだ珍味である。座敷でやさしく接待してくれる仲居さんがいるのが『喜水亭』。

博多へ行かれた際には寄ってみてはいかがだろう。

博多の魚屋の店頭には、わが町ではお目にかかれない、生きた平目や、タチウオ、アラカブ（かさご）など生きのよい刺身が売られている。魚好きには嬉しいものばかりで、高級料亭へ行かずとも自分で買って食べられる。

八百屋には四〇cmもあるナスが並べられている。爪楊枝くらいの太さの芽葱もあり、これを薄切りの白身魚の刺身で巻いて食べると味は格別である。

美味しい九州の焼酎もある。

海の幸、山の幸、地物は美味しい、旅の味である。

若山牧水のうたに、「終りたる旅を見かへるさびしさにさそはれてまた旅をしぞ思ふ」というのがある。そろそろ旅支度をしなくては……。

旅は非日常的な景色と食べ物が楽しい。

◉……昆虫食のすすめ

子供の頃、夏にはハチの子を食べた。夏になるのが楽しみだった。食べたハチの子はアシナガバチであった。アシナガバチを探し、その巣を見つける。巣は家の軒下などによく見られ、大きさは鶏卵大で、エンピツの太さほどの穴が、文字通り蜂の巣状に円形に並んでいた。

中にはうじ虫のような幼虫がいた。蛹（さなぎ）になると穴の表面に薄い膜が張った。美味しいのは、うじ虫形のもので、蛹になると肢、羽などがあって舌触りが悪くなり不味い。

昆虫食は未来の重要な蛋白源かもしれない。その証拠に、蛋白質という漢字には虫がついているではないか。

人口が増えすぎ、家畜の肉が不足し補えなくなった時には昆虫食だ。昆虫が人類を救うことになるかもしれない。

世界では、今も昆虫を食べている民族が多数いる。

古代から人類は、採集や狩猟の際にも昆虫を食べていた。食べられていたものの多くは甲虫の幼虫だが、インディオなどはアリを食べる。カミキリムシの幼虫、ハリナシバチ、カイガラムシなども食べられている。

現在でもタイやカンボジアなどではゴキブリ（養殖）、クモ、バッタ、コオロギ、タガメなどが食べられている（タイ料理の材料店ではタガメが一匹ずつパックされて売られている）。

中国の北京に行った時には、サソリの唐揚げを食べた。饅頭に蟻が〝ふりかけ〟のように付いているのも売っていた。この饅頭は薬膳なのだというが、残念なことに食べなかったので、中の餡がどうなっているのか、また蟻（蟻酸？）が身体のどこに効能があるのか知る由もない。

長野県（ではなく、「信州信濃」が相応しい）ではハチの幼虫の佃煮が売られている。イナゴも同様である。ザザムシ（水中の昆虫の幼虫の総称）、水の中の虫なら何でも食べるという信州。マゴタロウムシの瓶詰などもある。カミキリムシの幼虫などはバター焼きが最高である。この手の食いものを「悪食」・「ゲテモノ」と呼ぶ。地元では「イカモノ」と言う。

これまで食した「イカモノ」には、蟻、セミの幼虫、ゲンゴロウなどもある。蜂の巣の探索では独特な方法がある。木の枝にアカオー（皮を剥いで乾燥させたウグイ）を刺して、蜂をおびき寄せ、チョークの粉をつけた蜂を追って、クロスズメバチの巣を探す。長野、岐阜地方では、蜂の幼虫は高級食材である。虫などと言って馬鹿にしてはいけない。今では、金が無くては食べられないのだ。

というわけで、食べたいと思う意欲と努力がなければ食べられない。旨い料理を食べるには、時間を借しまず、どうしても食べたいと思う執念がなければならない。

食欲は生命の元で、食べなければ死んでしまう。どうせ食べるなら、旨いものを食べたい。当然である。

食べ物の好き嫌いは食習慣の経験から始まる。つまり、幼児の離乳食から何を食べたかで決まる。

子供が、親からどんなものを食べさせられたか、住居地域や民族にもよるが、食習慣で慣れたものが美味しいと思う。食べたことがないものを食べられるか、食べられないかが問題だ。食べてみたいと思う食に対する興味が必要である。

食べられる食物、好きな食物が多い方が人生は豊かで幸せである。

そういうわけで、昆虫食を推めたい。

蜂の子やイナゴは当然であるが、カイコの蛹は日本独自のものとして秀逸である。繭を茹でて生糸を紡ぐと、蛹が残る。それを食すのだ。

釣具店などでは、カイコの蛹が餌として売られている。鯉などの餌の材料である。独特な臭いがするのですぐにその存在が分かる。

蛹を油で炒めて醤油を入れると、香ばしい臭いか香りが、どーっと湧いてきて、たちまち子供の頃に食べた郷愁が込み上げてくる。

ちなみに、蛹は蛋白質であれ、ビタミンであれ、灰分であれ優れものである。

信州（長野）を旅した時、農協の売店を訪れた。ありましたよ——今でも年寄りが買いに来るという。だが、残念なことに、その時は売り切れだった。

となると、どうしても食べたい。佃煮でなく、自分で作って昔の味を食べたい。さて、茹でた蛹をどうやって手に入れるか……どうにかして買いたいという私も、年寄りだということか。

今となっては恥ずかしいので、蛹が食べたいなどと言わない方がいいのかもしれないが、話したい。

以前、紅茶キノコというものを培養するのが流行ったことがある。同じ頃、小豆大の黒い甲虫をパン屑で繁殖させ、それを生きたまま食べる人も話題になった。手のひらに摘み取り、動き回るのを舌で捕まえてモグモグ……健康にどのようにいいのか知らないが、変な虫食いが流行ったものだ。

流行などというものは、何の根拠もなく人は真似る。そしてその効能も分からず消えていく。効能など無かったのだろう。

流行は、人と同じことをしたいと思う人がするのだろう。

私は以前、小さなマーモゼットという猿を飼ったことがあった。マーモゼットは昆虫が好きである。一度逃亡したことがあったが、外でセミなど虫を食べて、また戻ってきた。しかし、餌に虫ばかり与えられないので、考えた。当時デパートで、味付けしていないただ乾燥させただけのイナゴを売っていたのだ。そのイナゴは、買った人が自分で好みの佃煮を作る材料であった。

マーモゼットにも好い餌だった。ついでに自分の佃煮も作ったのは言うまでもない。

今や、農薬でイナゴなどいなくなった。まして、普通の生活の中での昆虫食は消えてしまった。目を凝らして、目的をもって遠くまで行って探さなければそんな食習慣は見つからない。さもなくば、自分で昆虫を探して食するしかない。

昭和二〇年代の食糧難の時代であったから、口に入るものは何でも美味しかった。そんな少年時代を思い出して、蜂の子を採り、フライパンで炒って……昔の世界に心を馳せる今日この頃である。

《動物医者の独り言》

◉……一〇歳だった「三鷹事件」の頃

「三鷹事件」と言われても分からない世代もあるだろう。

私の病院の待合室に「三鷹事件」のパンフレットが置いてあった。ある時、それを見た婦人が、「三鷹事件の犯人とされ獄死した竹内景助さんの息子さんと小学校で同じクラスでした。彼はいじめにあって可哀相でした。身を隠すように暮らしていたと思います」と話してくれた。

三鷹事件の日は私の一〇歳の誕生日で、忘れもしない特別な日である。住まいは武蔵野市境（さかい）で、道の東側の三鷹市でお祭りが行われ、綿菓子屋、ポンせんべい屋など屋台ができていて、友達と遊んでいた。

その時、突然停電になった。夜の八時頃だった。その停電が事故と関係があったのかは分からない。

側には三鷹電車庫があった。そこから出た電車が事件の電車である。

一九四九（昭和二四）年七月四日、国労の三万七〇〇〇人の解雇通告、翌日五日に下山事件、一二日に六万三〇〇〇人の解雇通告、一五日に三鷹事件、八月一七日に松川事件が起きた。この三つの事件は国鉄三大（ミステリー）事件と呼ばれている。

この年は民主運動、国労運動、共産党運動の高まりを弱体化させるのに国が躍起になっていたのであろう。子供の私は政治のことは何も分からないし、関心がない。進駐軍のアメリカ人を見ると、「ギブミーチョコレート」と言う時代だった。

電車庫の隣には境から三鷹駅に向かう道があり、反対側は官舎の住宅だった。竹内さんはそこに住んでいた。私はその通りの床屋をいつも利用していた。

事件の後、店の人とお客が、「あの時、竹内さんは官舎の風呂にいたからすぐに釈放されるよ」と話しているのを聞いた。

当日夜、友達と現場に行ってみるとMP（エムピー）がたくさんいて、交番は壊れ、電車は運送店に突っ込んでいた。事前に警察官四人は避難し、書類は持ち出されていたという話を聞いた。

一〇歳の誕生日の出来事で、今でも鮮明に覚えている。

竹内景助さんは本当に犯人だったのだろうか。自白も単独犯だ、共同犯行だと二転三転した。だが、あやふやな自白が唯一の証拠となり、八対七の一票差で死刑判決となった。

床屋で聞いた「官舎の風呂にいたからすぐに釈放されるよ」という声がいつまでも残っている。冤罪が繰り返されるたびに、この事件も再審するべきだと思う。

小学校のクラス会も毎年催している。「友達の家に遊びに行くと『さつまいも』のごちそうを出してもらうと嬉しかった」という話が必ず出る。

当時は食物が少なく、皆飢えていた。米も配給制で、米以外の〝こんな物が〟というのもあった。例を挙げてみよう。今の鶏の餌以下の「ふすま」。混ぜ物を入れて焼いても白い粉がないから一枚にならない。家畜の餌以下の食事、甘い物がない時代だから子供が喜んだのが「乾燥バナナ」だった。当時の乾燥バナナは今のとは違い、黒い猫の糞のような親指大のものだった。乾燥したアンズかスモモもあった。甘くて子供には嬉しい配給だった。

米屋の親父さんは米をくれてやるという感じで威張っていた。子供心にも嫌な感じだった。白いごはんを食べる時は嬉しかった。雑炊は大根、その葉、サツマイモその他いろいろな野菜が多く米が少ない。サツマイモを蒸す時は、その水を取り変えず何回も使うと蜜が濃くなり、イモ飴になった。家が貧乏だったから我が家だけだと思ったら周りでもやっていた。

武蔵境には中島飛行機製作工場が二ヵ所あった（現・富士重工）。高射砲の基地（今、日赤病院）もあった。大砲を撃っても飛行機に届かず、下で炸裂し白い雲ができた。炸裂した大砲の金属がトタン屋根を破り畳の上に落ちてきた。学校の二宮金次郎の像まで醵出する時代だから子供たちは金属片を拾い集めた。

中島飛行機の工場があるので爆弾も落ちてきた。当たったら大変と思うが、その状況に慣れてしまう。人間という動物は恐ろしいものである。

子供の遊びはベーゴマ、メンコ、ビー玉だった。これは博打だから勝ち逃げは許されない。たくさん集めたくて皆、真剣だった。ベーゴマは砥石で研いて弾く力を強くした。

お小遣いを貰うと『おもしろブック』を買うのが楽しみだった。付録も魅力だった。雑誌は他に『冒険王』『少年画報』などがあった。

映画は『ターザン』で、シリーズで人気があった。木からロープを垂らし、ターザンごっこが流行った。池など飛び越えたものだ。

竹馬乗りもあった。友達より高いのに乗るのが自慢だった。

お正月の子供の遊びは羽根突きと凧揚げだった。最近は見かけなくなった。

夏休みには竿に袋を付けてセミ取りをした。セミは逃げる時に体重を軽くするためにオシッコをする。それが顔にかかった。

当時は空地も多く、オケラ（地中に潜る虫）がいっぱいいた。オケラは前肢がモグラのように大きかった。捕まえると手を拡げるので、「お前のオチンチンどのくらい」と話しかけた。

今はオケラを見ることもない。絶滅危惧種になったのだろうか。

日本人なら誰でも蛍を知っている。蛍は山の渓流にいるのではなく、人の側の町、里にいる。蛍がいたりすると自然環境がいいんだと思ってしまう。武蔵境駅の東の踏切のところの小川には蛍がいた。当時はまだ蛍のいる自然があった。蛍は水辺の自然を取り戻したいと思う文化的昆虫である。

当時の子供は心を一つにして友達と遊び、仲間をつくって遊んだ。独りではなかった。子供社会の中で助け合い、喜びを見つけ、時には喧嘩をし、また仲直りする。そんな人間的な付き合いがあったように思う。独りでゲームで遊ぶのと、人間にとってどちらがいいのか。答えは言うまでもないだろう。

これからは「支え合い」の社会である。医療技術と保険制度の進歩によって、障害者を支える社会になる。つまり、老人福祉、末期医療、脳死、臓器移植など医学の変革のために個人の生命観を変える時がきている。

ただ生きているのがいいのか——。

やくざ者ではないが、畳の上で死ぬのは難しい時代である。

「支え合い」の時代には「思いやり」が必要である。

子供が思いやりのない人間に育つ要因として考えられるのは、少子化・ひとりっ子・ひとり遊び、人と接触する機会が少ない等々。他人と接触する良いモデルがなく、孤独でいるからである。

やりたいことは野放図にやれる、欲しいものは何でも手に入る。このように甘やかされては思いやりの心が育たない。

鬱憤（うっぷん）晴らしに犬に八つ当たりするのでなく、犬を可愛いと思う心が必要である。

自分も支えられる時が必ず来る。それまで、支えることができる時には支えようと思う。

する方もされる方も、自然に当たり前に、特別なことでなく日常の行動として、ただ喉が乾いて水を飲むように、自然でありたい。

◉……人に親切にする

他人に親切を伝えることが難しい時がある。

『広辞林』で「親切」を調べてみると、次のようにある。

㈠人情が深いこと。真心がこもっていること。その人の身になって考えたり行動すること。

㈡見栄からではなく、心の底からすること。

なるほど、たしかに人を助ける時はこんな気持ちであろう。親切にされたら、された親切を感知する心が必要だろう。

電車には老人、障害者の優先席がある。そこに若者が平気な顔をして座っている。席を譲られて、「いいです」と断る老人もいる。

私も若者に席を譲られた時があった。「ありがとう。優しい人は良い奥さんと結婚できますよ」と言った。良いことをした人には感謝の気持ちを伝えなければならない。

渋谷でインド料理を食べ池袋駅に着いたが、最終の所沢行の電車であった。そこへインド人のような若い女の人が来た。さっきまでインド人の店で飲んでいたので親しみを感じた。話を聞くと飯能に行きたいという。

「もう飯能行はありません」と教えてあげた。

しばらくすると日本人の青年がきた。彼と話をして事情が分かった。

青年は写真家で、スリランカの農家の写真を撮っている人だった。向こうで結婚し、スリランカ人の妻を連れて初めて日本に帰国した。故郷の熊本に帰るのだが、その前に飯能に姉がいるので二人で行くところだという。

もう電車もないから、今日は私の家に泊まりなさいと伝えた。親切にしてもらえて嬉しいが、迷惑をかけるし、お礼もできないからと青年は固辞した。

私は、「お礼などしなくてもいいんですよ。あなたがいつか誰かに親切にしたら、それでいいんですよ」と話したら、納得してくれた。

それからが事件であった。二人を連れて家に帰ったのは遅い時間になっていた。妻は二階で寝ていた。

一階では、二人を風呂に入れたり、三人でビールを飲んだりして楽しい時間を過ごしていた。

スリランカは五〇年以上前の日本の生活と同じだと青年は話していた。奥さんは我が家の電化製品などに驚いていた。

青年にスリランカの農村の話などを聞き、人情のある人々と豊かな人間関係を結ぶ生活が物質的な豊かさより大切であると感じた。

さて、事件は夜中に起きた。

目を覚まして起きてきた妻が色の黒い見知らぬ女の人とばったり会ったのだ。何も知らない妻は腰が抜けるばかりに驚いた。後でしこたま叱られたのは言うまでもない。

後日、熊本へ帰った青年からお礼にと美味しいメロンが届いた。

いろいろな外国人を泊めた。妻には「悪い人だったらどうするの」と言われている。


いまは七五歳を過ぎると後期高齢者と呼ばれる。私もその一人だが、私より長く生きている高齢者に会うと立派だと尊敬したくなる。

年寄りにできることは人に優しく、親切にすること。それが一番だ。威張る年寄りは駄目である。

「江戸しぐさ」という言葉がある。共に仲良く楽しく生きるのが江戸っ子である。「宵越しの金は持たねえ」「喧嘩は江戸の花」というが、江戸っ子は金や物より人間関係を大切にしていた。だから二七八年間も江戸時代が続いたのだと私は思う。

雨が降り出したら、見ず知らずの人にでも傘をそっとさしてあげる。狭い道で擦れ違う時にはそっと身を寄せる。これが「江戸しぐさ」というらしい。

現代は人と人の混雑の中で生きている。共生するためには「江戸しぐさ」の精神が肝要だ。相手を思いやる親切心で、お互いに助けて助けられるのが和みの社会であろう。

今、日本人の心は純粋でなく濁りがあるように思う。親切を素直に受けとめられない人がいる。親切に気付く心がないのだろう。親切をする気持ちがなくなれば人との共存は難しい社会になる。

しかし、わざと物を落として、拾ってくれた人に会いたがる、その目的で物を落とす、親切心を逆手に取る変な輩(やから)もいるというから注意も必要だ。

「ヒト」というのは動物学的な名称である。

「人間」は「人の間」と書く。人間社会が成り立つためには平和、助け合いの人間関係がなければならない。自分に対する欲の強い人は政治家になってはいけない。

人に迷惑をかけない態度が混雑社会をスムーズにし、快適にする。

駅員さんは乗客のトラブル、ダイヤの遅れの防止などに真剣に取り組んでいる。悲しいことに、その駅員さんに対する傷害事件が報道されたりする。

ある日、私が一番後ろの車両から降りると、杖をついている盲人が一人で歩いていた。

誰か改札口まで案内してあげればいいのにと思い、「どちらへ行くのですか」を声を掛けた。「北口へ行きたい」という。北口までは距離があるので、手をつないで話をしながら歩いた。

名前を聞かれたり、仕事を聞かれたりして、無事にバス停まで案内した。

名前と仕事を話しただけなのに、夕方、お礼の電話があり、びっくりした。

急いでなければ誰にでもできることだ。相手の立場を理解して思い遣りの心を持つことは人間として大切なことである。

高齢者が重い荷物を持って階段を上っていたら、気軽に声をかけて手伝ってあげることが、ごく普通の生活の中でできればいいのになあと思う。

親切の難しいのはお節介にならないようにすること――それを見極めるのも〝気配り〟である。

◉……死刑制度に思う――執行する人の視点から

日弁連が死刑廃止を提言しているが、被害者のことを考えると国民の八〇・三%の人が存続をすべきと考える。

しかし、刑を執行する人の心理的負担については何にも語られていない。法務大臣の命を受け、何の恨みもない人を殺す。

その行為について家族にも誰にも話すことはできない。自分の中に隠しておく。

その日は鬱積した気持ちで酔いつぶれる人が多いという。その事が心の中から消えない。定年を待たずして辞める。

外国での発表では、当事者の人生は悲惨であるという。死刑執行の裏面を考える必要がある。

外国では執行する人を募集する国もある。退役軍人などが参加するらしい。何の罪の意識も感じない人、または恨みを持っている遺族にさせる方法もあるのではないか。

このようなことを考えるのには、私なりの理由がある。

私は身体的理由で動物を安楽死させることはある。安楽死については本書にも書いた（145ページ）。私には、医学は死ぬ邪魔をしてはいけないという考えがある。

しかし、身体的理由ではなく、「死刑」を執行したことが私はある。本当のところは、誰かにしてもらいたいと思った。そのことについて書いてみたい。


その家は大きな農家とはいえ若い夫婦とおばあちゃんの三人家族であった。そこへドーベルマンの仔犬が飼われた。

その後、今では珍しい恐ろしいジステンパーに感染してしまった。呼吸器、消化器、神経を侵され、脳炎になり死ぬ病気である。

当時は定期的に流行ることもあり、この病気の恐ろしさは犬好きの人なら皆が知っていた。仔犬が死んだら可哀相だと、私は真剣に治療した。その甲斐もあって元気になった。

名付け親になって欲しいと飼主の若夫婦に頼まれ、元気に育つようにと「ケン」と名付けた。犬は猫と違い、治されたことに感謝する気持ちがある。ケンも私に懐いて可愛い犬になった。

おばあちゃんは犬を飼うのには賛成でない様子であった。往診すると「この犬は金喰い虫だ」などと話すこともあった。

犬も知能があり、人間の感情を読み取る。犬好きの人と犬嫌いの人の鑑別などすぐに見分ける。ケンも、自分がおばあちゃんからどう思われているか分かっている。

そんな、ある時、ケンがおばあちゃんを咬んでしまった——。

ケンにも、咬んだ理由はあっただろう。しかし、頑迷なおばあちゃんの逆鱗に触れて、安楽死、というより「死刑」を宣告された。執行の役は私に回ってきた。

「ケン、手を出しな」

私は駆血帯を巻いて静脈に注射針を刺し、麻酔薬を多量に注入した。一分も経たずに、ケンは逝ってしまった。いつも静脈注射の時におとなしく手を出すケンと同じだった。

私を信用して手を出したケンを騙して、こんなことをした私を誰かに懺悔したかった。誰かほかの人に代わりをしてもらいたかった。

死刑を執行する人も、躊躇するというよりも、やりたくないというのが本心だろう。

私はケンにしたことの忌まわしい記憶がいつまでも残っている。

《犬は我が友——ある老獣医師の履歴書》

◉……暑かった夏

私は犬に育てられたふしがある。寂しい時も、つらい時も犬との交流があればこそ良い子でいた。終戦の時は六歳であった。

私が育った武蔵野市と隣の三鷹には、軍需施設の中島飛行機工場が二つあった。それを守るために高射砲の陣地が、今の中央線武蔵境駅の南側、今の武蔵日赤病院の所にあった。夜になると探照灯の光がせわしなく交叉して、Ｂ29（アメリカの爆撃機）の襲来に備えていた。

Ｂ29が投下した照明弾で夜空が急に明るくなり、燈火管制で暗い家々が影絵のように浮かび上がる。

落下傘の下の光源がゆらゆらと揺れながら、夜空を真昼の明るさにして降りてくる、そして燃え尽きると闇に戻る。家の中では電灯の周りを黒い布で覆って光が外に洩れないようにした薄暗い居間に、家族が肩を寄せ合っていた。

一九四五年八月一五日、終戦――。八月一九日、灯火管制は解除された。

時折、Ｂ29に向けて高射砲を撃つが、砲弾は届かず爆撃機の下で空しく炸裂した。あちらでもこちらでも炸裂の白い雲ができた。

火山弾のような砲弾の破片が我が家のトタン屋根を突き破って畳の上にも落ちてきた。子供はそれを拾い集めて供出した。なにしろ学校の二宮尊徳さまの像まで供出する鉄不足の時代であった。

空から降ってきた物といえば、アルミホイルのような幅二㎝ほどのテープが木の枝や畑などにキラキラとたくさん引っ掛かっていた。電波障害のために撒いたものだと大人が話していた。

ある日、Ｂ29が一機飛来し、爆弾を落とす様子もなく大人も子供も恐怖心もなく見ていると、一機の戦闘機が急上昇してアッと思うまに体当たりした。戦闘機の翼は根元から折れ、真下に回転しながら落ちていった。Ｂ29の翼も折れ、高度を下げながら北の方向に去った。

大人も子供も手を叩いて「バンザーイ、バンザイ」と叫んだ。

パイロットはパラシュートで世田谷に降り、電線に引っ掛かった。

戦後だいぶ経ってから分かったことだが、住民たちがパイロットを痛めつけ、この事件が問題になったという記述を読んだ。

時代は国民挙げて〝鬼畜米英〟と叫んでいた。

我が家の東側の麦畑の麦の穂も黄色に染まっていた。その麦の穂が激しく揺れるほどの低空でグラマン艦載機が飛来した。操縦席に黒く映るパイロットの姿が見えた。慌てて家の中に逃げ、布団にもぐった。するとまた一機が飛来し、今度は機銃掃射をしてきた。

こんな所で、何もないボロ家に弾を撃って無駄だろうと子供心にも思った。アメリカには弾がたくさんあり、悪戯にやっているのかと思った。

またある日、艦載機のグラマンが紙幣のようなビラを撒いた。拾うことは禁じられていたが、大人の話によればこの地域も爆撃するという予告だった。

母親が「危なくなるからそろそろ山梨の実家へ疎開しよう」と準備を始めた。すると間もなく終戦になった。


私の親父は中島飛行機工場の後、どういう経緯か分からないが、三池炭鉱へ行かされた。仕事はオーストラリア兵の捕虜の監督と採炭の業務であった。光を消すことができないカンテラを頭に付けて、蒸し暑い地下へ深く下りていった。

採炭のノルマ量を達成すると、カンテラを石炭の中に埋めて暗闇にし、隠して持参した焼芋や握り飯を捕虜たちに渡した。

敗戦になったある日、捕虜たちとの別れの時がきた。拍手する捕虜たちの見守る長い廊下を歩かされて、部屋に入れられた。部屋には茶菓が用意され、これがいわゆる〝面通し〟で、これまで捕虜を虐めた奴を選んでいたのだ。

親父は捕虜に焼芋などを与えていたので、すぐに無罪放免になり家に帰ってきた。その時のお土産が、大きな袋に入ったイナゴだった。他にもっといいものはなかったのかと思った。

親父が帰ってきたからといって裕福にもならず、相変わらず腹ペコであった。

母親は、親父の暴力、妾などで、後に家出をしてしまったが、母親の愛情と犬との心の交流が私を朗らかに真面目に育ててくれた。

米の配給も少なくなり、代わりに〝ふすま〟や〝豆かす〟など、今の家畜の飼料より栄養のないものが配られた。

当時、サツマイモはごちそうであった。友達のところへ遊びに行き、蒸かしイモを食べさせてくれた友達はありがたかった。

母親も蒸かしイモを作る時、水を取り換えずに何度も使っていた。するとだんだん濃くなり、それを煮詰めると茶色い水飴になり、甘いものに飢えていたから美味しかった。

それは哀しい母の味であった。

●……初めて飼った犬

それでは思い出深い、辛苦を共にした「ムク」の話をしよう。

黒白の長毛の、大きさは柴犬より大きい雄犬であった。

「犬が飼いたいか?」と親父が聞いた。

「飼いたい、飼いたい!」

私が小学校四年生の春だった。

親父の自転車の荷台に乗って、駅の近くの旅館に仔犬を貰いに行くことになった。犬を飼ってくれるというので心が弾む思いだった。

目指す旅館に着き、手入れの行き届いた植木と水を打った飛び石を踏んで裏庭に行くと、そこに母犬と仔犬がじゃれ合っていた。眼がクリクリした毛の長い黒白の仔犬が、私が手を出すと尾をくるくる振り回しながら走り寄ってきた。

その仔犬を貰うことにした。私は仔犬を落とさないようにしっかり抱いて家に戻った。

ムクと名づけたこの犬は、私が獣医大学四年生になるまで生きていた。

仔犬は母犬と別れた晩、寂しくてキャンキャンと夜通し鳴くものだ。一坪もない小さな玄関に箱を置いて、その中にムクを入れることにした。親父の命令だった。

夜半にうるさく鳴かれて、もし返すことにでもなったら大変だと、親の目を盗んでそっと布団の中に入れた。弟とどっちが抱いて寝るかとジャンケンをした。ムクは布団の中に入ると唸り声を出してじゃれついてきた。

どうにかしようとすればするほど、喜んで寝間着の裾を噛んできた。

親に見つけられたら一大事だ。弟と二人眠ることもならず相手をしていたが、いつの間にか眠っていた。

それから毎日、道草もせず一目散に家に帰る日が続いた。時たま、母犬が恋しいだろうとムクを旅館へ連れて行った。ムクが母犬に駆け寄ると、懐かしそうに体全体を嘗め回した。

だが、ムクが乳を吸おうとすると大きな唸り声をあげて叱った。するとムクは小さな尾をお腹に丸め、ひっくり返り、お腹を空に向けた。親離れ・子離れの、犬のりっぱな仕種なのだろう。

少しムクが大きくなったある時、学校の下駄箱の方で生徒が騒いでいた。もうすぐ朝礼の時間だった。何事かと見に行くと、そこにムクがいた。たくさんの同級生がいたのに、ムクは目ざとく私を見つけ、喜んで駆け寄ってきた。

「あっ、お前の犬だ！」

こんなところに連れてきて、と喧々囂々（けんけんごうごう）、ムクはそんなことにおかまいなく教室まで入ってきた。

もちろん、ムクは私が連れて行ったのではなく、そっとついて来たのだった。

とうとう先生に見つかり、「朝礼に出席しなくてもよいから犬を家に連れて帰りなさい」と強く叱られた。しかし、叱られたはずなのに私は何故か楽しかった。

母親が家出した時の思い出を書こう。東の小さな窓から弟と顔を付けてグラマンが飛んでくる麦畑を見ていた。背中に荷物を背負った母親の姿が朝日の影絵の中で小さくなっていく。母親がいなくなっちゃうんだと、涙が止めどなくこぼれた。子供にとってこんな辛いことはなかった。

その晩は二人でムクを抱いて寝た。ムクは流れ出る涙をしきりに舐めて慰めてくれた。

人が可哀相と言ってくれる言葉より、ムクがしてくれることが嬉しかった。

当時の子供の遊びは、かくれんぼ、ベーゴマ、ビー玉、竹バットの野球、相撲などだった。ムクは遠くへ飛んだボールを素早く咥えて野球の妨害をしたものだ。ヤイヤイ友達に追われて、ボールを咥えたまま走り回って楽しんだ。なかでも友達が一番嫌がったのは相撲の時で、ムクはするりと相手の後ろに回り、その子のズボンを咥えて引っ張り、私の味方をするのだった。犬も知恵があるなあ、と思った。

ムクを飼い始めて一年が過ぎた頃、大事件が起きた。話がわき道に逸れて恐縮だが、後に述べるとしよう。

私は獣医大学を卒業してすぐに臨床家にならず、国立の研究所に勤務した。しかし、臨床に興味があり、臨床家が集まる研究会に所属していた。この研究会の勉強で、狂犬病を発病した少年の貴重な映画を見る機会があった。映像の中の少年は当時の私と同じ年齢で、私がムクを飼い始めた頃に狂犬に咬まれた事件の記録であった。

患者の少年は流れ出る唾液を休む暇もなく両手で拭っていた。唾液に濡れた鼻紙が少年の前に、山のようになっていた。

狂犬病の恐ろしさをまざまざと見た最初の映像であった。

パスツールが初めて作った狂犬病の予防注射で助けられた市井の人が、ナチス・ドイツの爆弾で死んでいる。人間の所作の象徴的な事件である。

彼がいかに尊敬されていたかを示すエピソードがある。一九四〇年、ドイツがパリに侵攻し、パスツール研究所が接収された。ここの守衛を務めていたのがジョセフ・メイスターという、狂犬病ワクチンで助けられた二人目の子供であった。彼は墓を暴こうとしたドイツ人に鍵を渡すことを拒み、自ら命を絶ったという。

狂犬病の動物に咬まれて発病したら必ず死に至る。発病する前であれば予防注射で助かる人もいる。

映画の少年が犬に咬まれた時、つまり私がムクを飼い始めた昭和二五年は、東京での狂犬病の発生件数がピークの時で、発症した数は実に二五九頭に達していた。

前年の昭和二四年は一八四頭、翌年の二六年には一一二頭になっていた。これは、戦争が終わり、行政が統計を取り始めた時の数字である。

昭和二九年二月、上野動物園のラマの夫婦（つがい）が狂犬に咬まれ、発症して死んだ。

戦後の子供たちの楽しみの場所であった動物園のラマの死で、当時マスコミにも大きく報道された。

ここで、猫の狂犬病の危険についても忘れてはならない。昭和二二年から二八年まで一五頭の猫が発症していた。猫は顔を洗う習性があるから、爪に病毒が付き、犬とは別な危険がある。ちなみにこの統計は東京のものである。

日本では世界に先駆け昭和二五年八月に狂犬病予防法が制定された。国会議員（獣医師）・原田雪松氏の尽力によるものである。

アメリカ、中国、東南アジアを含め、今でも多くの人が狂犬病で亡くなっている。世界で狂犬病のない国はイギリス、ノルウェー、スウェーデン、オーストラリア、ニュージーランドくらいで、日本人は原田雪松氏に感謝しなければならない。日本で狂犬病の最近の死亡例は、外国で狂犬に咬まれた人である。

私の病院へ来院してくる人の中に東南アジアへ行く人や、自分がバンコクに行くか、お父さんがバンコクに駐在している人がいる。とくに子供には、お父さんに会いに行く時、外国の犬は日本と違い狂犬病があるから、やたらと触ってはいけないと伝える。

先年、バンコクにいるお父さんに会いに行き、日本に帰った後に、咬んだ犬が狂犬病であったことが分かり、発病前だったので予防注射で予防できた事件があった。お父さんがバンコクでその情報を得なければ、子供は発病して死んでしまっただろう。

狂犬病の予防注射が制定された頃の予防業務は、警察の衛生部獣医課の所轄であった。当時の犬の飼い方は〝放し飼い〟、とくに夜間に鎖から放される犬が多く、「狂犬病の流行を防ぐために放し飼いはやめましょう」と叫ばれていた。早朝などに『野犬狩り』と称して、放し飼いの犬を捕獲していた。この仕事に出動した人や獣医が犬に咬まれて生命を失ったり、障害の残る体になってしまった人々がいた。

今、世界の国々の中で狂犬病の発生がない日本の歴史の中には、これらの人たちの貴い生命をかけた戦いがあったことを忘れてはならない。

ムクの大事件とは、学校から帰った午後、ムクを放して友達と遊んでいる時に「野良犬狩」に捕獲されてしまった。その時は家族は離散してしまっていて、母親はいなかった。捕獲された犬を返してもらうにはお金が必要だった。収容されている期間は五日ほどで、あとは殺されてしまう。

ムクは武蔵野市の柳橋野犬収容所に収容されてしまった。

私は、夕方遅く歩いてそこに行くと、金網の中にはたくさんの捕獲された犬たちがいて、どの犬も悲しそうな顔をしていた。私はムクを捜して金網越しに見ると、ムクは目ざとく私を見つけ、金網をよじ登ろうとピョンピョン跳ねた。夕闇が迫っていた。

これがムクとの最後の別れになるかもしれないと思うと、ムクの声が悲しい鳴き声に聞こえた。愛するものと別れる寂しさの初めての経験だった。

夜も眠れず、じっと石のようになっていた。

母親と暮らしていた姉のところに行き、お金をもらい、翌日ムクを迎えに行くことができた。ムクは飛び跳ねて喜びを表していた。吠えているのだろうが声にならない、一晩中、家に帰りたくて鳴いていたのだろう。

用務員のおじさんがムクだけを檻から出してくれた。他の犬たちも帰りたくてみな必死に尾を振っていた。何か、ムクだけを連れて帰るのが辛かった。

◉……強くなったムク

それからムクは強くなった。

ムクはこの日を境に、急に精神的に強い犬に変わっていた。幼い犬には今までどおり優しかった。私の友達、つまり子供に対しても同じようによくじゃれて態度は変わることはなかった。しかし、大きな犬に対しては反抗的で、負けてたまるかという強い威嚇的な態度を示し、実際、喧嘩に負けることはなかった。

ムクを散歩させる時には鎖に繋ぐことにしていたが、まだ放し飼いの犬も多くいたので、いきなり襲い掛かられて喧嘩になることも少なくなかった。そのうち、私が連れて散歩していても襲ってくる犬はだんだんいなくなってきた。ムクの姿を見ただけで、その辺の犬はみな尾を下げて路地に逃げ込んだ。

わが町、向うところ敵なし、という感じだった。

その後、しばらくすると町の中に秋田犬の雑種を見かけるようになった。今まで見たこともない薄茶の犬で、いつかは対決の時が必ず来ると予感した。

ある日、私がムクと散歩していると、街角でばったり出会ってしまった。その犬は放たれていた。ムクは鎖に繋がれている。このままでは喧嘩に負けてしまう……。

といって、私には大きな秋田犬を追い払う力はない。咄嗟(とっさ)に私は、「ムク、がんばれ！」と、持っていた鎖を放した。ムクは私のオシ！　オシ！　という掛け声に勇気付けられて尾を下げることはなかった。ムクの体はその犬の半分くらいしかなかった。私は大声でオシオシ！　と声を掛け続けた。ムクは相手の首を咬んで離すことはなかった。とうとう、相手も根が尽きて、ムクが咬むことを止めると一目散に逃げていった。追いかける仕種に「ムク!」と労(ねぎら)いの声を掛けると、振り返って立ち止まった。

不思議なことに、大人たちは面白がって人だかりができていた。もちろん、小さいムクに皆が応援してくれていたのだ。喧嘩で散らかった八百屋の店先の品物については無罪放免だった。もし、野菜を買い取れと八百屋のおじさんに怒鳴られたら、金がないから大変なことになった。当時は今の、周りと関係ない砂のようなバラバラな社会と異なって、ゆったりとしていた。

「ムク、喧嘩に勝ってよかったな。負けたらみんなガッカリするところだったよ」

と、私はムクを褒めた。

「ムクはお前より、俺に懐いているぞ」と、親父はよく言った。

私と親父が並んで「ムク、ムクー」と名前を呼んだ。ムクはいつも私の方には来なかった。

ムクの頭を撫でる親父の顔は嬉しそうだった。

「ほら、俺の方がムクに好かれているだろう」と言いたいための実験のようだった。だが、機嫌よく頭を撫でる親父に比べて、ムクの目付きはいつも私に対して、すまなそうな眼をしていた。

このような仕種は、人に気を遣わない人よりも知恵があるのだと思う。自分のためには何の得にもならないのにあえてする、これを知恵というのだろう。犬にも周りの仲間に対して気を遣う知恵があるのだ。

ムクの毛は熊のようだったので夏になると暑そうで、また蚤がついたりして可哀相だった。今のような蚤取りの薬はなく、平たいブリキ缶の横に小さな穴の開いた〝蚤取粉〟があった。ペコペコ押すと穴から粉が出てきた。私が小学生の時、学校で虱取りのため頭からＤＤＴを掛けられて安倍川餅のようになった記憶がある（毒性があることが分かり、今は使われていない）。

ある日、思い切ってムクの全身の毛を鋏で二㎝くらいに切った。もちろん鋏なので、硬いムクの毛は虎刈りになり、尾の先だけフサフサのぼんぼりのように刈ってやった。私はムクに首輪をつけて散歩に行くことにした。

五〇ｍも歩いただろうか、ムクは後ろを振り向いて立ち止まった。その時、ムクには立派なぼんぼりの尾の先が見えたはずだ。散歩が好きなムクなのに、私がいくら引っ張っても散歩に行きたがらず、四肢を踏ん張り家に向かうばかりだった。向かうところ敵なしのムクの自尊心がさせた抵抗だったのか、恥ずかしいと思ったのか。犬も失敗した時、照れるような顔つきになることがある。

ムクの次の大事件が起こった。ムクは玄関の前の犬小屋に繋いで飼っていたにもかかわらず犬小屋は定位置から一mもずれ、二人の捕獲人に両側から首に針金の輪を掛けられ、首輪から鎖を外されてリヤカーの上の檻に放り込まれてしまった。

私は必死に抗議したが、ムクはそのまま連れて行かれてしまった。

親父のところには腕力の強い〝子分〟のような人がよく遊びに来ていた。その時、私はその人のことを思い出し、助けを求めることにした。

「こうこう、こういう訳だからムクを助けてください！」

私はその人と二人でムクを捜し回り、ようやく武蔵境駅前にそのリヤカーを見つけた。

私が覗いてみると、ムクがいた。

「お兄さん（親父の子分）、リヤカーの中にムクがいるよ！」と叫んだ。

「よし、助けてやるぞ」と、その人はリヤカーを大きく揺すってひっくり返した。檻の戸が開いて、犬たちは四方に逃げていった。ムクは私のところに駆けてきた。

私は一目散に、ムクと家に走って帰った。今なら公務執行妨害で留置所入りは間違いない。

いくら繋いでいたムクを捕獲されたとはいえ、リヤカーをひっくり返して来たのだから、警察から何か嫌疑をかけられるのではないかと、不安な毎日だった。

そんなことを知らないムクは、相変わらずご機嫌であったが、私は交番の前とか、人通りの多いところには散歩に行かなかった。

心配した事件もその後、何事もなく月日が過ぎた。私はムクがいたので、辛い時も悲しい時も精神的に救われていた。

私には大人の事情は分からなかったが、私たち兄弟を可愛がってくれた女性と親父とのあいだに破局の時が来た。

「私を逃がしておくれ……」

彼女の突然の申し出にびっくりしたが私は仕方ないと思った。

親父に見つからないように私は普段利用しない別の路線の駅へと自転車に彼女を乗せて飛ばした。不思議と別れは悲しくなかった。しかし、何年か一緒に母親代わりに暮らした人だから、その後幸せにしているだろうかと想い出すこともあった。

私は中学生になっていた。

◉……獣医になりたい

姉と妹は母親と暮らしていた。

今度は、荒れる親父を私たち兄弟が捨てる時が来た。

私たちが潜り込んだ先は、新聞拡張員の寮だった。経営している人は、鈴木さんといい風格のある人で、私学へ行っていたが学費などすべての面倒を見てくれた。今はそのような鷹揚な人はいないだろう。

私の仕事は三〇人ほどいる拡張員の食事を作ることで、外米を炊き、おかずと味噌汁を作るのが役目であった。私が料理好きになったのは、その時の経験からだろう。

壁には拡張員の成績がグラフで示されて、その人たちの給料の計算なども手伝わされた。皆、過去など関係のない人たちの吹き溜まりのような所であった。

私の寝る場所などないので、布団を出した後の押入が〝寝室〟で、ベニヤ板で囲われていたが個室の雰囲気だった。

夜になると隙間から南京虫が出てきた。南京虫は吸血すると半回転してまた吸血するので、吸血された痕が二個の赤い点となった。

こんな生活をしていたが、ムクとは常に一緒で、変わらぬムクとの絆があった。犬を飼わしてもらっていることにも感謝した。

母がいなくなり、ずっと一緒に暮らしていたのは弟とムクだけだった。

私はたまに拡張員募集のビラを書いた。『急募、年齢・学歴不問』と新聞紙大の赤枠の紙に書き、片手にビラ、片手に糊を入れたバケツを持って、始発の都電に乗り、新宿のガード下や職安通りに貼り、それから登校した。

勉強するところもなく、また暇もなかった。相変わらず古新聞を焚付けに飯炊き、そして遠い学校へ通学した。

ムクとの大宮公園への散歩が楽しかった。

私が高校三年生になった一二月、長姉がもう一度父親と一緒に暮らさないかと尋ねてきた。父親の生活も今では安定し、不動産業を営んでいるとの話だった。私たちが父と別れてから四年の空白があった。私は姉に言われるまま親父に会いに行った。

「お前も高校三年だが、大学に行きたければ行かせてやるぞ」

思いも寄らぬ親父の言葉に私は即座に、「獣医になりたい」と答えた。

何しろ私には、ムクに対する恩義がある。獣医になって可哀相な動物たちを助けたいという思いがあった。だが、時は既に一二月半ばである。慌てて大学の『入試案内』を取り寄せた。親父との再会が三ヵ月遅れていたら大学受験はなかったろうと私は不思議な運命を感じた。

◉……運が良かった……

そして獣医大学の合格発表の時、親父が一緒に行ってくれた。合格していた。倍率は一〇倍くらいだった。嬉しくて人生に光が射した。

大学に入学すると、中学・高校で生物部で一緒だった先輩がいた。先輩は馬術部に所属していたので私も入部した。乗馬ズボン、靴などを揃える金がないので先輩のを借りて練習した。高い馬の背に乗るのは気持ちいいものだった。

二年生になった時に、卒業論文を書くために微生物研究室に入った。農林省（当時）の研究を手伝うことになった。

人間の赤い下痢は赤痢という。鶏には雛白痢（ひなはくり）という病気がある。鶏には白い下痢があるのでこの名がついた。

微生物研究室では細菌を培養するために培地をつくる。培地の材料はブイヨン（肉汁）と寒天である。解剖された牛、馬などの肉塊が運び込まれてくる。その肉を刻んで数時間、煮込む。それを濾紙で濾してブイヨンをつくり、滅菌する。これにいろいろな薬品、血液などを入れて、培養する細菌に適した培地をつくるのだ。

肉塊が届くのが授業が終わった後なので、このブイヨンづくりも夜遅くまでかかった。当時は肉に飢えていたので、少し失敬してすき焼きもどきを作り食べていた。

友達の下宿の側の行きつけのバーに、今夜、肉を持ってくるから、すき焼きの用意をしておくように話した。そして鍋を囲んで始めたが、肉が硬くてゴムのようで食べられず、散々な目にあった。死亡直後の肉だから、死後硬直で熟成していないから、二、三日してから食べれば美味しかったかもしれない。

雛白痢の検査で陽性になると殺処分である。すると養鶏家はそれを唐揚げにして出してくれた。今は鶏の唐揚げなどどこにでもあるが、当時、私には初めての食べ物だったので満面笑みを浮かべ食べた。殺処分がたくさん出たら、もらって帰って宴会をしようなどと、良からぬことを言っていた。

◉……私の恩師

獣医大学の最終年になり追試験も受けずに、学業は順調だった。国家試験の予行演習のような卒業試験が秋から始まり三年前に学んだ解剖学、生理学など教科が多いので少し心配だったが、無事卒業することができた。

次の難関は獣医師国家試験である。これに合格しなければ獣医師の免許が授与されない。全国の国家試験合格率は約九〇%で、これに落ちたらそれこそ大変だと、私は真剣になった。卒業試験の頃から私は、学生寮にいる数人の友達を毎日訪ね、それらしい質問をして確固たる知識にした。

答案はマークシート方式ではなく論文方式だから、知識がなければ書けないわけだ。そこで、問題を自分なりに予想して「鶏の重要な寄生虫を五つ述べよ」などと、それらしい質問を用意し、友達のところを泊まり歩いた。同じように豚の寄生虫については、この質問が国家試験に出た。友達と「当たったなあ」と喜んだ。

国家試験当日は雪あがりの寒い日で、東京農工大が試験会場であった。合格発表は農林省で行われた。緊張して掲示板を見ると……。

「あった！」

親友の番号もある。空が急に広くなったような気がした。庁舎の前には合否を知らせる電報代行業者が並んでいた。

当時は電話があまり普及していない時代だったので合否の知らせは主に電報が利用され、合格は「桜咲く」、不合格は「桜散る」の電文と決まっていた。何やら暗号文のようである（今は携帯電話で世界中と話せる）。

晴れて獣医師国家試験に合格した私は、これから職能人として世の中で役に立たなくてはと心が引き締まった。

私は、これまで世話になった犬猫のために獣医になった（とくにムクのお蔭だった）。だが、最初に社会人になって勤務したのは臨床に関係のない研究所であった。

在学中の研究室が微生物研究室に所属していたから教授の勧めもあった。そこは国立予防衛生研究所（現・感染症研究所）であった。

「辞令
研究職　国立予防衛生研究所に採用する
任命権者　厚生大臣　灘尾弘吉
獣疫部実験室勤務を命ずる
国立予防衛生研究所長　中村敬三」

とあった。

　獣疫部に配属された。部長は日本の公衆衛生学の重鎮・今泉清先生であり、上司の室長はパスツール研究所に留学したこともある中野健司先生であった。お二人とも穏やかな方で良き指導に恵まれ幸せであった。

　獣疫部は公衆衛生室と実験動物室があり、私は実験動物室であった。研究する動物はマウス、兎、モルモット、ハムスターであった。子供の頃、可愛がった動物ばかりである。可愛いという気持ちがあるので可哀相で辛かった。

　まだ、就職したばかりだったが部長の許可を得て獣医学的な話を飼育人に毎週させてもらった。動物飼育の人達と仲良くなり教えてもらうこともあるだろうと思っていた。

　大学を卒業したばかりで現場のことは何も知らない。忘年会などに一升瓶を提げて参加した。研究者と飼育の人とはあまり交流がなかった。面白いお兄ちゃんが来たと飲み会で交流ができた。

　私が担当したのは予防衛生研究所だけで飼育されているｄｄ（ディーディー）／Ｙ（ワイ）という系統のマウスだった。マウスが死んだら必ず解剖するから届けてくれるように頼んだ。飲み会の交流のお陰でマウスの死が無駄にならなかった。

大人のマウスに大腸が肥厚して下痢をしているものがいた。子供のマウスは小腸炎で下痢をして死んでいた。実験動物の成書を調べたが、この特異な病変の病気は見つからなかった。

研究すると大腸菌の新しい種類であった。後に腸粘膜肥厚症菌症と命名された。研究を進めて「いそべ氏病」と名付けられるまで頑張ればよかったと思う。新しい病気を見つける機会はほとんどないと思うからである。

この項の終わりに犬からお金を貰ったお話をしよう。

私は明星学苑に通学していた。国分寺駅から歩いて三〇分、バス通学は禁止だった。ある日、通学の途中で捨てられた仔犬を見つけた。林の中に仔犬を繋いで学校に急いだ。勉強も身につかず、授業が終わるとアンパンを買って仔犬のところへ急いだ。仔犬が喜んで尾を振ると落葉の中から五〇〇円札が出てきた。古びたお札だったが五〇〇円は子供にとっては大金であった。当時、授業料は一ヵ月六五〇円だった。

駅前の交番に届けると、拾った状況から落とし主は出ないからと、五〇〇円札を私にくれた。今ではいない、いい警察官だった。そのお金でローソクをつけると走るポンポン船を買った。欲しかった船であった。

私が家にはムクがいたので貰い手を探した。幸いに良い飼主が見つかった。

動物病院を開業しようと決意したお正月のことである。まだ、凧揚げ、羽根突きで子供が遊んでいた。当時はお年玉をもらった子供相手のおもちゃ屋さんぐらいしか店は開いていなかった。お正月はお休みである。

飼犬の「エリ」が千円札を銜えてきた。

開業するお正月に犬がお金を持ってきてくれた、こいつは正月から縁起が良いと思った。愛犬からお年玉を貰った気持ちだった。しかし、おそらく子供が落としたお年玉だったろう。不謹慎であったと反省。

開業して真面目にやり、病院が流行ることを願った。学会にもいろいろな研究や考案した数種の器具を発表した。臨床家になり、それなりに頑張ってきた。その評価は診療を受けた動物に聞いてください。

臨床医は良心と倫理観を持って仕事をすれば顧客は自ずと来る。もうひとつ大切なことは、臨床医は避け難い死を早くに予見することである。

遺族に対して優しい労りの心を持たなければならない。

あとがきに代えて……犬の時間

前著『動物病院を訪れた小さな命が教えてくれたこと』（現代書林刊）に、「犬から学ぶ尊厳死」という文章を掲載した。これは、私の病院を訪れる飼主さんにお渡ししている「犬の時間――犬から学ぶ尊厳死」という院のパンフレットから転載したものである。

私の、犬や猫や動物たちへの思い、動物病院の院長・動物医者としてのポリシー、そして動物から教えられた命と死についての考えは、この文章に込めている。

前著を読んでいない読者もいらっしゃると思うので、再録して本書のあとがきに代えさせていただきたい。

食事中に、散歩中に、突然死んだ犬たち。その死に様もいろいろだ。

長い苦痛の果てから解放されて、これで楽になったと「ホッ」とする死もある。

ポチは生後六〇日でもらわれて来た。ポチと共に笑顔と会話もやって来た。

ポチは小さい。ふわりとした体で家中に愛想を振りまいた。ポチの触感と動作は、家族に安らぎと満足を与えた。

ポチは食事と眠っているとき以外は、家族のために時間を費やしている。犬とはそんな動物だ。

犬がいるだけで気が休まる〝とき〟がある。

だが、犬にもストレスがある。

ポチは家族が留守のとき、すごい悪戯をした。ゴミ箱をひっくり返し、テーブルに乗り、ご主人の椅子に座り満足そう。

そんなとき、家族が帰ってきたときのポチの態度はどうであろう。

全身で喜びを表すことができず、上目づかいに腹這って、耳を後ろに折っている。申しわけないことをしたと……。

いつものように素直に尾を振らない。人間が想像する以上に周りに気を使う知性がある。

ポチは頭がいいのである。

犬は飼主に似るという。

夫婦喧嘩で会話がないときに、「ポチ、お前は偉いなぁー」などと言って気を落ち着かせる。「お前もお母さんに何か言ってあげろよ」などと言って会話が始まる。

随分とポチの世話をしているつもりでいたが、むしろ世話になっているのだ。

ポチの散歩をしているのではなく、ポチに散歩をしてもらっているのである。

犬の一日は、人間の五日ぐらいに当るという。だが、生後一年で成犬になる。

ポチも歳をとってきた。いずれ訪れる避けがたい死を、どのように受け止めるのか。

死に方だって幸、不幸があるだろう。

自分がそうありたいように、自分の愛するものは楽に幸福に死んでもらいたい。たとえ治療をしなければ早く死んだとしても、人生（犬生）の望んでいることを治療によって妨害してはならない。

ポチも認知障害で世話が大変だった。だが、嫁いだ娘が帰ってきた時には必ず玄関に迎えに出た。いつもボケているのに、不思議な精神力だった。

ポチは何もわかっていないのだと勝手に思っていたが、〝何か〟あるのだ。それが生命の尊厳か――。

もう、いつ死んでもおかしくない状態の犬の気持ちを理解せず、自分は愛していると、勝手に思う。

やるべき事はやりましょう、と言って売り上げを考える病院に入院させる。犬の〈心〉は不在で死んでいく。

生きるとは何か、自問自答の死生観を、目の前の犬に学ぶときだ。

長老は「本来、動物は死ぬときに自分の死体を見せぬものだ」と語る。

その時、動物は死期を感じ、自ら姿を消すことができた。だが、今はできない。管理され過ぎ、動物の権利さえ奪われている。

昔の猫は死体を見せないでいなくなってしまった。何処(どこ)かに隠れて飼主に迷惑をかけずに死んでしまったのだろう。象には墓場があるなどという話もある。象牙ハンターの経験からの話だろう。

象は知能が高いから、死期を感じて群から離れてそこへ向うという。このように野生動物のなかには、自分の死を予知して群を離れるものもあると動物行動学者はいう。体力が無くなり群の行動に付いていけなくなるのではなく、自分から離れる。

人間も本能的な予知能力があったのではないかと思われるが、現代人は近代医療の進歩で感が失われた。

人間も天命があって終りは決まっているのかもしれない。老衰・病死・事故など一秒の差で生死を分ける。全て天命である。

管理されすぎている犬・猫も簡単に死なせてもらえなくなった。飼主の気持ちは善意だが、自分を満足させるだけではないのか。

高度医療と称する行為で、生命を永らえさせるのが本人のため、周りの人のためになっているのか。

楽しい未来はやってこない。ただ、苦しみだけのために明日がある……。

そのような状態の犬でも生きていてほしいと思う飼主もいる。

人間は追いつめられて、逃げ場を失って、死んではいけない。

この世に満足し、思い残すことはない、ありがとう、という死もあるだろう。許される生命の閉じ方もあると思う。

尊厳死という難しい命題を動物によって考え、そして、自分の問題として考え直していく。動物病院とはそんな場所なのだ。

犬たちの最後の時間は、人間の時間ではなく、犬の時間で終わらせてあげたい。


読者の皆さん、暇潰しの役には立ちましたか。心の中に何かひとつでも残ったとしたら幸いです。

最後に、津村節子先生には推薦のお言葉を寄せていただき、まことにありがとうございます。心より御礼申し上げます。また、文才のない私を最後まで励まし、私の戯言(たわごと)を刊行に至るまで見守ってくれた、現代書林の相根正則さん、川原田修さん、製作・営業スタッフの皆様には大変お世話になりました。記して感謝致します。

二〇一八年　戊年正月

磯部芳郎

動物本位の獣医師！私は、犬の味方でありたい

2018年1月25日　初版第1刷

著　者 ―――― 磯部芳郎
発行者 ―――― 坂本桂一
発行所 ―――― 現代書林
〒162-0053　東京都新宿区原町3-61　桂ビル
TEL／代表　03(3205)8384
振替00140-7-42905
http://www.gendaishorin.co.jp/
カバー・本文デザイン ―― 渡辺将史

印刷：広研印刷(株)　製本：(株)積信堂
乱丁・落丁本はお取り替えいたします。
定価はカバーに表示してあります。

ISBN978-4-7745-1676-9　C0095